光伏设施对建筑视觉的
影响评价研究

申红田　著

东北林业大学出版社
Northeast Forestry University Press
·哈尔滨·

图书在版编目（CIP）数据

光伏设施对建筑视觉的影响评价研究 / 申红田著 . — 哈尔滨：东北林业大学出版社，2024.5

ISBN 978-7-5674-3574-2

Ⅰ . ①光… Ⅱ . ①申… Ⅲ . ①建筑设计—视觉设计—研究 Ⅳ . ① TU114

中国国家版本馆 CIP 数据核字 (2024) 第 112132 号

责任编辑:潘　琦

封面设计:乔鑫鑫

出版发行:东北林业大学出版社

（哈尔滨市香坊区哈平六道街 6 号　邮编：150040）

印　　装:	三河市华东印刷有限公司
开　　本:	787 mm × 1092 mm　1/16
印　　张:	8.25
字　　数:	150 千字
版　　次:	2024 年 5 月第 1 版
印　　次:	2024 年 5 月第 1 次印刷
书　　号:	ISBN 978-7-5674-3574-2
定　　价:	66.00 元

前　　言

随着全球温室气体排放量的增加，全球变暖已经成为各个国家亟待解决的问题。作为能耗大户，建筑业在全社会总 CO_2 排放量中所占比例约为 38%。工业建筑更是能耗高、污染重的"重灾区"，因此，绿色节能将会是未来工业建筑设计的主流方向。

我国具有丰富的太阳能资源，光伏建筑发展潜力巨大。我国中东部地区经济发达，工业建筑数量非常可观，且通常具有产权集中、单体屋面面积较大、厂房业主单位用电量较大等特点，非常适合开发实施分布式光伏发电项目。光伏发电项目既能有效缓解限电影响，又能实现自发自足的需求。

我国太阳能建筑起步较晚，BAPV（Building Attached Photovoltaic，附着在建筑物上的太阳能光伏发电系统）仍为当前工业建筑光伏利用的主要形式，常利用既有工业建筑较大的屋顶面积进行支架式光伏组件的安装。

本书主要以平顶山市中原金太阳公司的联合盐化厂为例，进行工业建筑光伏设施的视觉评价及设计策略研究；调研我国工业建筑光伏设施利用的各种类型，建立样本库；设计工业建筑光伏建筑的视觉评价调查问卷，运用美景度分析法（SBE），分析光伏设施对工业建筑视觉的主要影响因素，获取大众对我国工业建筑光伏设施的建筑视觉审美量值并建立评价模型；对工业建筑光伏设施产生的视觉影响进行总体分析和分项分析，探索光伏设施与工业建筑造型艺术之间的逻辑关系，并提出相应的设计策略，从而进一步完善工业建筑光伏设施建设的设计理论，也为平顶山市工业建筑光伏设施的规划建设提供借鉴参考。

在本书的撰写过程中，作者深感光伏建筑发展的日新月异，技术和设备不断推陈出新，庞大的市场需求量更要求精细化发展。本书涉及能源、材料、电气、管理等多专业的交叉融合，由于作者自身专业及水平限制，只能管中窥豹，行文中难免疏漏与不足，欢迎各位专家、同仁及读者批评指正，未来作者及团队也将在这一领域继续深耕与实践。

申红田

2024 年 5 月

目　　录

1 绪　　论·· 1

　　1.1 研究背景··· 1

　　1.2 研究目的及意义·· 3

　　1.3 概念阐述··· 5

　　1.4 相关领域研究水平和趋势······································ 8

　　1.5 研究内容·· 12

　　1.6 创新点··· 16

2 工业建筑 BAPV 建设现状及视觉影响机制分析··········· 18

　　2.1 工业建筑 BAPV 建设优势······································ 18

　　2.2 平顶山市工业建筑 BAPV 建设现状······················· 20

　　2.3 BAPV 安装现状分析··· 23

　　2.4 光伏设施视觉感知规律分析···································· 26

3 工业建筑光伏设施的视觉影响因子分析······················ 33

　　3.1 视觉评价方法的确立··· 33

　　3.2 视觉评价影响因子的分析······································· 40

　　3.3 本章小结·· 54

4 建立评价模型（AHP）·· 55

　　4.1 层次结构建立··· 55

　　4.2 专家意见征询，判断矩阵构建································· 56

　　4.3 各项指标相对权重计算及一致性检验······················ 57

　　4.4 各项指标综合权重计算及确定································· 62

5　工业建筑光伏设施视觉影响的案例检验 ················· 65

　　5.1　评价对象的选择及基本概况 ····················· 65

　　5.2　视觉影响评价方法 ··························· 69

　　5.3　建筑光伏设施视觉影响评价结果与分析 ··········· 72

6　工业建筑光伏设施设计策略 ······················· 77

　　6.1　工业建筑的造型特征 ························· 77

　　6.2　设计原则 ······························· 79

　　6.3　设计策略 ······························· 80

7　工程实际操作流程 ····························· 84

　　7.1　无人机航拍获取建筑立面照片 ················· 84

　　7.2　后台计算建筑光伏设施美景度值 ··············· 86

　　7.3　云平台看板显示评价结果 ···················· 86

结语 ······································· 105

参考文献 ····································· 106

附录 ······································· 110

　　附件1　调查问卷 ····························· 110

　　附件2　《建筑光伏设施视觉影响评价》专家打分表 ······ 114

1 绪 论

1.1 研究背景

1.1.1 趋势 —— 我国大力推动光伏能源产业

在全球能源需求激增、能源短缺问题日益突出的时代，绿色清洁能源的开发、利用是可持续发展的主要途径之一。2020 年 9 月，习近平总书记在第 75 届联合国大会上，明确提出中国力争在 2030 年前实现"碳达峰"，2060 年前实现"碳中和"的目标。我国"十四五"规划明确指出，在"十四五"期间推动绿色低碳发展，降低碳排放强度，到 2035 年要广泛形成绿色生活方式。绿色低碳发展是我国"十四五"期间以及未来发展的重要目标。

2013～2023 年，光伏发电是增长最快的非化石能源，相较于生物质、风力、水力发电等其他非化石可再生能源的电力生产，光伏发电的占比在此期间增长了 3 倍。同时，目前中国的光伏行业也在蓬勃发展，势头强盛。国家能源局数据显示，截至 2023 年 6 月底，我国并网光伏发电量累计 47 000.2 万千瓦，较上年同比增长 60%。其中集中式光伏电站发电 27 177.4 万千瓦，分布式光伏发电 19 822.8 万千瓦。分布式光伏发电的占比约为 42%，我国目前的分布式光伏发电项目中，光伏 + 建筑占比达到 80%。光伏建筑为太阳能发电的新应用领域，该技术通过集成光伏发电系统与建筑外部结构实现建筑节能降耗，具有噪声小、占地小、不受地域限制等优点，是实现低能耗被动式建筑的重要手段之一。

1.1.2 问题 —— 工业建筑光伏设施的规划设计诉求

我国中东部地区经济发达，工业建筑数量非常可观，且通常具有产权集中、单体屋面面积较大、厂房业主单位用电量较大及工业用电电价较高等特点，非常适合开发实施分布式光伏发电项目，既能有效缓解限电影响，又能实现自发自足的需求，光伏发电项目具有广阔的发展前景。

根据光伏系统与建筑的结合方式，可分为 BIPV 和 BAPV。BIPV（Building Integrated Photovoltaic）即光伏建筑一体化，是将太阳能光伏设施与建筑物同时设计、同时施工和安装，作为建筑物外部结构的一部分，既具有发电功能，又具有建筑构件和建筑材料的功能，可以有效提升建筑物的美感，与建筑物形成完美的统一体。BAPV（Building Attached Photovoltaic）是指附着在建筑物上的太阳能光伏发电系统，也称为"安装型"太阳能光伏建筑。它的主要功能是发电，与建筑物功能不发生冲突，不会破坏或削弱原有建筑物的功能。

我国太阳能建筑起步较晚，BAPV 仍为当前光伏建筑的主要应用形式，在工业建筑中常利用较大的屋顶面积进行支架式光伏组件的安装。光伏组件与建筑物本身结合生硬，只是单纯的构架在表面，缺少一定的视觉协调性以及和谐统一感。从色彩和质感上来看，颜色单一，质感粗糙。这些工业建筑的光伏设施规划设计仍处于初级阶段，缺少技术的提高以及美感的提升，以及系统的设计规范。

本书主要以平顶山市中原金太阳公司的两个盐厂 —— 联合盐化、天泰盐化为研究对象，进行工业建筑光伏设施的视觉评价及设计策略研究；调研我国工业建筑光伏设施利用的各种类型，建立样本库；设计工业建筑光伏建筑的视觉评价调查问卷，运用美景度分析法（SBE），分析光伏设施对工业建筑视觉的主要影响因素，获取大众对我国工业建筑光伏设施的建筑视觉审美量值并建立评价模型；对工业建筑光伏设施产生的视觉影响进行总体分析和分项分析，探索光伏设施与工业建筑造型艺术之间的逻辑关系，并提出相应的设计策略，从而进一步完善工业建筑光伏设施建设的设计理论，也为平顶山市工业建筑光伏设施的规划建设提供借鉴参考。

1.2 研究目的及意义

1.2.1 目的

（1）通过公众对工业建筑光伏设施美景度的评价，研究各类光伏设施因素对大众审美偏好的影响，分析得出影响最大的核心因素，以期为今后的工业建筑光伏设施建设与改造提出视觉美感方面的建议。

（2）将前期分析得出的工业建筑光伏设施影响因素作为评估指标，构建城市工业建筑光伏设施视觉评价模型。该评价模型具有独创性并适用于工业建筑范畴，为不同城市的工业建筑光伏设施的规划与建设提供量化标准与理论依据。

（3）以平顶山市为例进行工业建筑光伏设施视觉评价模型的案例检验，基于视觉评价的案例检验结果，提出平顶山市工业建筑光伏设施控制性和引导性规划建设策略。将以往客观理性的以发电效率为评估标准的控制性规划策略，与建筑造型设计的主观感知相结合，制定出提升工业建筑光伏设施视觉满意度的有效方案，为逐步实现城市太阳能高效科学利用奠定基础。

1.2.2 社会意义

随着中国政府将建筑节能减排和可再生能源的积极利用纳入规划重点，"十四五"期间及未来长期，中国的总能源需求将呈现出刚性增长趋势。此外，其他新型能源领域的需求也正逐渐增加，这使得太阳能的应用前景显得尤为广阔。太阳能光伏设施在未来的建筑发展领域中具有巨大的发展潜力，甚至可被誉为不可或缺的一部分。它不仅能够满足自身的能耗需求，同时还能为建筑视觉美观创造出多样化的景观样式，因此将成为城市中不可或缺的景观需求。

然而，光伏利用也会对城市景观产生一定的负面影响，造成建筑立面的碎片化。此外，光伏利用还会带来一定的环境影响，并可能对公众的视觉产生影响，导致眩光的产生。

有鉴于此，对于光伏设施的美学评价应当为制定相对合理的光伏设计标准提供重要参考依据，从而为建筑师、景观设计师及城市管理者在未来的城市太阳能规划中提供具有视觉美学价值的参考依据，进而发挥出更大的社会价值。

1.2.3 经济意义

近年来，我国太阳能光伏技术不断进步，逐渐走向普及化，生产成本也在不断降低。国内外已经有许多优秀的太阳能光伏设施案例被开发和建设，其设计模式也开始考虑视觉美学因素。逐渐摒弃了单一的设计模式和材料选择，开始创造具有经济和美观双重属性的太阳能光伏建筑。在利用同等资源的情况下，合理发挥光伏设施的特性，既可以作为建筑的围护构件，又能够起到装饰的作用，以达到功能与经济共同发展的目标。

另外，光伏产业的全球市场规模极为庞大。全球太阳能市场的规模现已超过7 000亿美元，预计在2030年将达到1.3万亿美元。面对如此巨大的市场机会，各国企业充分利用国际市场平台，良性竞争、互相借鉴，可加快产品研发的步伐，推动光伏市场份额进一步扩大。

当然，事物发展都具有两面性。我国光伏行业的发展处于国际领先水平，但也面临着产能过剩与扩产、国际竞争不断延伸等多方面的挑战。导致我国光伏产业需要寻找新领域的突破口，在此以前，我国大多地区园区光伏设施的安装并未认真考虑过其本身的美学价值，只注重发电效率，使得大多数园区建筑因其立面光伏设施的排布和组合而让人觉得建筑很平庸甚至丑陋，因此抓住这个提高园区光伏立面设施的美观度的突破口，将促进光伏产业的进一步完善和发展，对社会经济发展具有重要意义。

1.3　概念阐述

1.3.1　工业建筑

工业建筑是为生产产品提供工作空间场所的建筑物，是为满足生产活动的需要而进行有针对性设计的建筑类型。

工业建筑在现代社会中扮演着重要的角色，其一方面要灵活适应市场需求，改善设计施工和方法；另一方面，要重视环保和可持续发展，尽可能降低建筑过程对环境造成的影响，强化企业社会责任，让工业建筑更好地服务于整个社会。

对于企业而言，工业厂房形象效果直接影响到厂区整体艺术质量，现在工业建筑的发展已不再是过去人们印象中的纯生产容器，只有机械、简单朴实的想象，而是把建筑艺术中的风格、意义、内涵、形式融进设计中，通过最直观的造型向人们诉说着企业精神、发展理念。

1.3.2　光伏设施

光伏设施，也称为光伏发电系统，是利用半导体材料的光伏效应将太阳辐射能转化为电能的设施。光伏板组件是光伏发电系统的外显部分，由半导体物料（如硅）制成的光伏电池组成，能够直接将太阳光转化为直流电，通常形成各种阵列形式与建筑物相结合。

根据与建筑结合形式的不同，光伏设施可划分为两种：一种是 BIPV（Building Integrated Photovoltaic），意为"集成到建筑物上的光伏发电系统"。我国业界通常称 BIPV 为"光伏建筑"或"光伏建筑一体化"；另一种是 BAPV（Building Attached Photovoltaic），也称"安装型"或"附着式"建筑用光伏系统，主要指在建筑上安装的光伏构件不作为建筑外围护结构，只起发电功能的建筑部件，在既有建筑上应用较多。

本书所提到的光伏设施仅限于后者，即附着式光伏建筑（BAPV），其视觉规律是本书的研究范畴。

1.3.3　视觉影响评价

光伏设施在工业建筑上的应用属于一种城市景观，呈现出一定区域的视觉效果，具有物质性和精神性双重价值。为避免对自然和人文等景观资源产生破坏，保障人们对视觉审美的需求，在一定区域的项目建设前后往往需要进行景观视觉评价。景观视觉的理论分析与评价衡量了观景者的景观偏好和景观与环境本身的视觉特征。20 世纪 70 年代，环境心理学家开普兰（R. Kaplan）通过景观视觉评价挖掘人对景观特征的偏好，强调人们对景观资源的视觉感受，提出了较早的景观视觉评价研究理论。通过对景观外在的物理要素和内在的美感进行解析，有助于营造受人喜爱的景观要素和景观空间。景观给人的感受是主观性较强，起初由于与景观相关的衡量标准缺乏科学性和实用性，不被大众所接受，由此景观美学的研究应运而生并得以发展。通常人们所理解的景观集中在美学意义和感知层面上，给人的美学感受以视觉感受为主，因此，景观视觉质量评价成为景观美学研究领域中的核心问题。景观视觉评价的过程是在客观实体与主观感受之间确定不同景观空间和要素的相对美感的过程。光伏设施的视觉影响评价是预测评价立面光伏设施在安装使用与运营管理中可能给景观及视觉环境带来不利与潜在的影响，并提出减缓不利影响的措施，制定修改方案。

美景度评价法（SBE）是视觉景观质量评价方法中较为成熟且评价最高的方法，目前被景观领域学者广泛使用。美景度评价模型包括以下三个部分。

（1）测定公众的审美态度，即获得美景度量值；

（2）对具体景观进行要素分解并测定要素量值；

（3）建立美景度与各要素之间的关系模型。

此方法中景观价值的高低不是依靠少数专家评判而是以公众为依据，因此更能客观反映一个景观的实际美学价值。

1.3.4　层次分析法

层次分析法（The analytic hierarchy process）简称 AHP，在 20 世纪 70 年代初期由美国匹兹堡大学运筹学家托马斯·塞蒂（T. L. Saaty）在为美国国防部研究"根据各个工业部门对国家福利的贡献大小而进行电力分配"的课题时提出。它是一种层次权重决策分析方法，是在对复杂的决策问题的本质、影响因素及其内在关系等进行深入分析的基础上，利用较少的定量信息使决策的思维过程数学化，从而为多目标、多准则或无结构特性的复杂决策问题提供简便的决策方法。本书拟采用 AHP 法建立工业建筑光伏设施的视觉评价模型。

1.4 相关领域研究水平和趋势

1.4.1 国外相关研究

德国、荷兰等欧洲国家对于太阳能光伏设施的利用已经成熟，现已逐渐步入太阳能城市建设的完善时期。国外已经开始关注建筑光伏设施的视觉影响，尤其是历史文化遗产保护地区。

以英国德文郡地区为例：当地政府在考虑安装光伏设施时，充分评估了其对城市风光的影响。他们发现，由于该地区的地形特征，大规模的光伏设施可能会对城市的自然景观和文化遗产产生不利影响。因此，他们在决策过程中充分权衡了这些因素，并选择在城市中建设小型、分散的光伏设施，以最大限度地减少对城市风光的影响。

同样，在意大利的太阳能光伏利用项目，也充分考虑了其对城市和农村景观的影响。该国政府启动了一项大规模的计划，旨在在城市和农村地区推广太阳能的应用。在实施过程中，他们聘请了专业的美学评估团队，对不同地区的光伏设施进行视觉评估，以确保光伏设施与周围环境的和谐共存。这些评估结果为决策者提供了重要的参考依据，有助于他们在推动能源发展的同时，保护和提升国家和地区的景观品质。

这些案例表明，建筑光伏设施需要综合考虑能源需求和环境、文化遗产保护等多方面因素。通过视觉影响评估等手段，可以更加科学、合理地制定建筑光伏设施的规划和设计方案，从而实现能源发展和环境保护的双赢目标。

1.4.2 国内相关研究

我国光伏市场发展迅速，政府政策的支持和城市经济发展的条件是推动建筑光伏设施建设的主要因素。但国内关于太阳能光伏设施建设的研究主要集中于建设方法和发电效率的提升，对光伏构件的设计及安装没有充分考虑大众审美和太阳能光伏设施建设对城市景观的影响。太阳能光伏利用作为新时代特有的清洁能源的产物，它的快速发展为城市带来经济效益，但是对于城市景观来说也是一种新兴事物，如处理不好，将会对城市风貌产生不良影响，因此工业建筑光伏设施的规划设计对城市整体视觉影响具有重大意义。

在新能源方面以科林产业园综合能源微电网示范项目为例。该项目利用园区大型厂房屋顶建设分布式光伏发电系统作为市电补充，并建设大型电动汽车充电站，满足园区及周边过往社会车辆快速充电需求，缓解市电压力和为城市居民充电提供便捷。此外，本项目的光伏设施基本位于屋顶安装，保留了工业建筑立面原有的风貌，未对城市街道的视觉造成不良影响。

在光伏技术方面以阳宗海绿色铝产业园智能光伏示范项目为例。该项目在传统分布式能源建设的基础上，通过建设光伏电解铝直流微电网，减少逆变、整流过程中的电能损耗，实现电解系列与光伏直流互联供电以及分布式光伏就地消纳，提高了电解铝行业的可再生能源利用水平、能效水平，为电解铝绿色发展提供了具有重大创新应用价值的案例，是国内较早光伏直流电直接供给铝冶炼生产试验项目。

项目攻克了光伏发电效率不稳定、无法保证直流电恒流输出接入云铝电解生产线直流母排等诸多科研难题，标志着光伏发电直流接入电解铝生产用电取得重大突破，填补了国际与国内对分布式能源直流接入的技术空白，将为国内绿电转化和新型电力系统提供经验和示范。截至 2023 年 2 月底，项目已建成部分累计发电 2 308 万 kW·h，待项目全部建成后每年可提供绿色电力约 6 196.8 万 kW·h，按照云南省燃煤标杆电价进行测算，每年可收入 2 080 万元。虽然光伏设施位于坡屋顶，但其排列方式和颜色与建筑立面契合，为城市风貌增添了新的风采。

以上项目表明我国光伏市场正在不断发展，并攻克了许多光伏发电技术的关卡，取得了一些成果，同时开始思考光伏设施和建筑之间的关系，由起初在立面简单地布置光伏设施到现在会考虑光伏板的颜色和光伏板组件的排列方式，说明我国光伏市场正在趋于成熟，不断完善。

1.4.3　河南省内研究水平及发展

河南省光伏产业自"十一五"开始发展，受国家政策支持，到 2017 年已成为第二大能源。在行业管理政策调整背景下，河南省光伏行业管理呈现不同特点。河南省的光能资源平均水平较高，光伏产业发展历程分为三个阶段。在"十一五"期间，该行业经历了快速发展，形成了较为完整的光伏产业链，产业集群效应初步显现，技术创新成果显著。然而，在"十二五"时期，受国际市场"双反"政策的影响，我国光伏产业一度陷入低谷。但随后 2016 年国务院发布了"十三五"国家战略性新兴产业发展规划，提出加快绿色低碳的发展目标。

有鉴于此，河南省省内光伏企业在推进光伏产业建设的过程中，及时跟进政策，使得光伏行业有序发展。同时政府不仅采取积极措施吸引大型光伏企业在本省设立生产、研发基地，还应引导光伏辅材企业的建设、辅材产品的研发、光伏一体化研究以及建筑光伏的景观设计，以确保光伏产业的经济性、效率性和美学性。这些举措推动着河南省光伏产业实现持续、健康的发展。

1.4.4　平顶山市光伏发展现状

平顶山市是以煤炭和盐为主要支柱产业， 电力和化工等工业综合发展的工业城市，工业建筑众多，光伏设施建设潜力巨大。2023 年 7 月，河南省平顶山市人民政府发布《平顶山市制造业绿色低碳高质量发展三年行动计划（2023—2025 年）》和《平顶山市"十四五"生态环境保护和生态经济发展规划》，明确提出支持平顶山市光伏分布式产业的发展，旨在助力平顶山市实现由"煤城"向"绿城"的产业转型。在分布式光伏电站项目中，平顶山市政府、平煤神马集团、平高集团、河南金太阳集团等多方力量正在协调推动发展，坚持"高水平设计"、"高标准建设"以及"高质量应用"的原则，实现景观、经济和效率等多方面的协调发展。

光伏行业全面贯彻落实《"十四五"可再生能源发展规划》发展要求，积极应对各种风险与挑战，持续推进产业健康发展，实现新突破。建筑光伏设施作为建筑的一部分，其外观和设计对城市规划和建筑设计有着重要影响。不合理的光伏设施设计和安装可能会破坏城市景观，影响建筑物的视觉效果。随着市民对生活品质要求的提高，工业建筑光伏设施的视觉效果成为市民关注的重要方面之一。市民希望建筑物本身及其周围环境的协调性和美观性得到保障。因此，对工业建筑光伏设施进行视觉评价是满足公众审美需求的必然选择。

1.5 研究内容

1.5.1 实施方案

1.5.1.1 光伏设施对建筑视觉影响现状调查

根据研究目的，广泛采集研究样本，采集的基础数据包括工业园区各类建筑（办公、宿舍、食堂、车间、仓库等）的立面光伏设施，这些光伏设施利用基本涵盖了我国工业建筑光伏设施利用的各种类型，包括其形状、材质、色彩、安装方式、安装高度、和谐度等。这些数据资料主要借助计算机网络技术、航空航天遥感影像获取与分析、GPS 空间定位技术、现场实地调查、网络调研等多种方式获得，如图 1.1 和图 1.2 所示。

图 1.1 现场调研照片

（图片来源：作者自摄）

图 1.2 网络调研照片

（图片来源：温哥华城市可持续研究报告）

1.5.1.2　光伏设施对建筑视觉影响因素分析

通过对不同光伏设施的数字化梳理，按照光伏板本体要素、光伏板安装要素以及光伏设施同建筑本体关系进行因素提取分析，为后续的影响因子标准制定提供基础。

光伏板本体要素：以光伏板的形状（图 1.3）、光伏板的材质肌理（图 1.4）及光伏板的色彩（图 1.5）为主要因素进行分析。

图 1.3　光伏板的不同形状

（图片来源：VEER 图库）

图 1.4　光伏板的材质肌理

（图片来源：VEER 图库）

光伏板安装要素：以光伏板的安装高度、安装方式（图 1.6），安装面积占比（图 1.7），安装所形成的光影效果及安装形成的节奏与韵律为主要影响因素进行分析。

图 1.5　光伏板的色彩

（图片来源：VEER 图库）

图 1.6　光伏板的安装高度、安装方式

（图片来源：搜狐新闻）

图 1.7　光伏板的安装面积占比

（图片来源：VEER 图库）

1.5.1.3　光伏设施对建筑视觉影响评价方法的确定与模型的建立

基于光伏设施与建筑形体构成的要素复杂多样，且既往对光伏设施与建筑视觉影响因子的研究不足，需要通过一定的方法综合探究光伏设施对建筑视觉影响的主要要素以及它们之间的相互关系（图 1.8）。

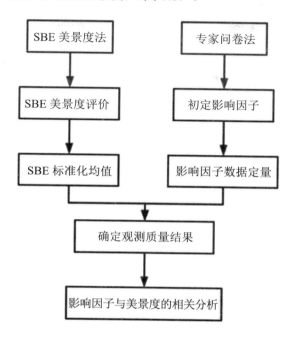

图 1.8 光伏设施对建筑视觉影响评价研究方法

（图片来源：作者自绘）

1.5.1.4 光伏设施对建筑视觉影响因子权重确定

用层次分析法组织成具有逻辑性的递阶层次，构建成一个完整的层次结构模型。然后由专家对每一层因子相对于上一层因子的重要程度两两比较做出判断，最后运用 SPSSAU 软件进行分析计算得出每个评价因子的相应权重并做一致性检验，从而能够对复杂的问题简单化处理。即建立层次结构模型、构造判断矩阵、权重计算及一致性检验、确定综合权重 4 步。

1.5.1.5 建筑样本数据模拟处理，进行案例检验

通过方法确定、模型建立，对现有建筑样本进行案例检验，模拟实验处理，

检验其建筑视觉美景度是否符合首次测试结果。

1.5.1.6 工业建筑光伏设施的设计策略研究 —— 以平顶山市为例

以平顶山市现有工业建筑光伏设施为例，探索平顶山市工业建筑光伏设施可利用空间建设的组织形式、发展重点、设计策划、功能定位、视觉价值以及技术革新方面的解决办法。

1.5.2 技术路线

本书的研究技术路线如图 1.9 所示。

1.6 创新点

本书构建了工业建筑光伏设施的视觉评价模型，从视觉评价视角切入，筛选确定了光伏建筑视觉感知关系密切的定量和定性指标，兼顾公众感知、地方风貌特色。该模型作为评估方法将建筑设计与能源规划相结合，是对相关理论和方法的补充，也是对工业建筑精细化设计的深入探讨和思考。

本书提出工业园区建筑光伏设施的规划设计策略，探索了光伏设施在工业建筑中的控制性、引导性规划策略及保障性实施路径，使工业建筑光伏设施由视觉评价转向设计实施落位。

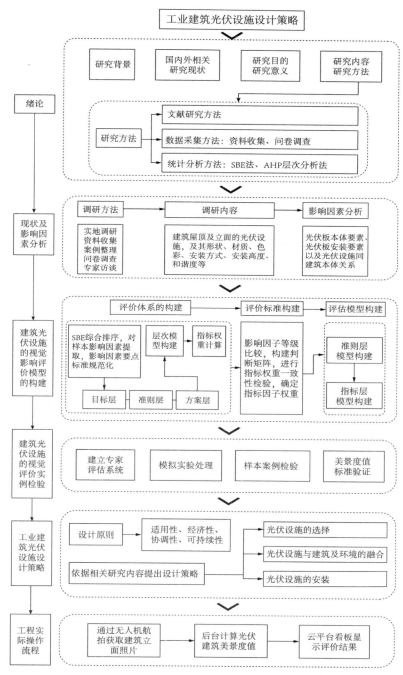

图 1.9 建筑光伏设施视觉影响评价技术路线

（图片来源：作者自绘）

2 工业建筑 BAPV 建设现状及视觉影响机制分析

工业园区不仅是我国工业发展的重要阵地，也是能耗高、污染重的"重灾区"，发展过程中存在能源利用效率低、资源利用率低的问题。为了促进工业园区经济高质量发展，政府出台了一系列政策，包括要求各地加大力度推广绿色能源，加快绿色产业发展。

2022 年 6 月，国家发展改革委、国家能源局等多部委联合发布《"十四五"可再生能源发展规划》，规划中提出：大力推动光伏发电多场景融合开发，全面推进分布式光伏开发，重点推进工业园区、经济开发区、公共建筑等屋顶光伏开发利用行动；积极推进"光伏+"综合利用行动，鼓励农（牧）光互补、渔光互补等复合开发模式；推进光伏电站开发建设，优先利用采煤沉陷区、矿山排土场等工矿废弃土地及油气矿区建设光伏电站。为了进一步落实国家"双碳"目标，各地也在不断加快光伏产业的发展速度。

2.1 工业建筑 BAPV 建设优势

2.1.1 工业建筑节能减排需求迫切

太阳能可免费获取且取之不尽，光伏发电过程无噪声无污染，由此转换取得的电能是绿色无污染的清洁能源,有助于工业企业单位实现节能减排的目标。光伏系统主要设备光伏组件的寿命期长,安装后可使用 25 年以上,光伏系统建成后,厂房业主单位可长期受益。利用厂房屋顶或立面建设附加式光伏,不占用宝贵的土地资源,又能将闲置的厂房资源利用起来,可提高资源利用率。

分布式附加光伏项目一般采用"自发自用、余电上网"上网模式运行,光伏电能优先由企业使用。企业通过使用光伏电能减少了公共电网电能使用量,从而节约电费开支。由于附加式光伏项目的实施能显著地降低对应的厂房内温度,企业能够减少通风降温设备的使用率,从而实现企业进一步节能降耗。

2.1.2 基础条件及主体结构有利于 BAPV 的建设

首先,相对于城市住宅区或写字楼等屋面,工业园区厂房通常具有产权集中、厂房单体屋面面积较大,且厂房业主单位用电量较大及工业用电电价较高等特点,非常适合开发实施附加式光伏发电项目。

其次,工业建筑往往具有坚固、耐久的主体结构,能够满足新功能空间的结构荷载需求。其内部结构多以框架为主,平面规整、空间宽敞、可塑性强,能适应多种功能要求,且屋面面积大,具有较好的太阳能资源化条件。

最后,工业建筑大都为近现代建造,建筑立面简单而整齐,只要稍加改造就能提升整体形象,形成新旧之间的对比、碰撞和融合。因此工业建筑具有独特的空间和结构优势,为 BAPV 的建设创造了便利条件。

2.2　平顶山市工业建筑 BAPV 建设现状

2.2.1　工业建筑众多，政府积极推动 BAPV 建设

　　平顶山市位于我国河南省中部，是一座典型的资源型工业城市，也是中原经济区重要的能源和重工业基地。由于其丰富的煤炭和其他矿产资源，平顶山市在历史上一直是我国的重要工业基地之一，拥有众多的工业建筑。这些工业建筑不仅体现了平顶山市的工业发展历程，也反映了我国工业化的历史变迁。它们涵盖了从传统的煤炭开采、钢铁冶炼到现代的机械制造、电子信息等多个领域，为平顶山市乃至整个河南省的经济发展做出了巨大贡献。

　　近年来，随着国家对环保和可持续发展的重视，平顶山市的工业建筑也在逐步进行转型升级。政府和企业积极引进新技术、新工艺和新材料，推动工业建筑的绿色化、智能化和数字化发展，这不仅提高了工业建筑的能效和环保性能，也促进了企业的技术创新和产业升级。

　　平顶山市政府高度重视光伏产业的发展，并将其作为推动能源结构调整和绿色发展的重要举措。在《平顶山市能源结构调整发展主要目标》中，明确提出了大力发展新能源的目标，特别是在光伏领域。2024 年 4 月 9 日发布的《平顶山市人民政府办公室关于加快平顶山市能源结构调整的实施意见》指出要大力发展新能源，鼓励重点能源企业参与到开发区、工业园区等分布式光伏建设中，到 2025 年，力争新增光伏并网容量 100 万 kW 以上，总规模达到 300 万 kW 左右。这些政策为平顶山市工业建筑的光伏建设提供了有力支持。

2.2.2　平顶山市工业建筑 BAPV 的实施方式

　　平顶山市工业建筑光伏设施的利用主要采用以下几种方式。

2.2.2.1 屋顶光伏

屋顶光伏是平顶山市工业建筑光伏利用中最常见的方式。通过在建筑物的屋顶安装光伏组件，可以将太阳能转化为电能，为建筑物提供清洁、可再生能源。屋顶光伏不仅可以有效地利用建筑物的闲置空间，还可以降低建筑物的能耗和碳排放，实现节能减排的目标 (图 2.1)。

图 2.1　屋顶光伏

（图片来源：作者自摄）

2.2.2.2 立面光伏

立面光伏是将光伏组件安装在建筑物的立面上，利用建筑物的外墙进行光伏发电。这种方式可以进一步增加光伏设施的装机容量，提高光伏发电的效益。同时，立面光伏还可以美化建筑物的外观，提升建筑物的整体形象（图 2.2）。

2.2.2.3 景观光伏

景观光伏是将光伏设施与景观设计相结合，形成具有观赏价值的光伏发电系统。在平顶山市的一些工业园区和产业园区中，可以看到一些利用光伏设施打造的景观小品，如光伏灯、光伏车棚、光伏座椅等。这些景观光伏不仅具有发电功能，还可以为人们提供休闲和娱乐的场所，增加园区的趣味性和吸引力（图 2.3）。

图 2.2　立面光伏

（图片来源：作者自摄）

图 2.3　景观光伏

（图片来源：厂家提供）

2.3 BAPV 安装现状分析

2.3.1 光伏板与建筑的组合形式

经过前期的调研整理，根据 BAPV 安装方式与位置的不同，光伏板与建筑的组合形式可简略分为四种（图 2.4）。

（1）原有坡屋顶上附加普通或特殊光伏板；

（2）原有平屋顶上方附加普通或特殊光伏板；

（3）建筑立面附加普通或特殊光伏板；

（4）建筑立面采用普通或特殊光伏板作为遮阳板。

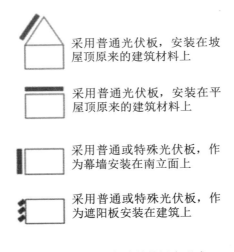

图 2.4　光伏板与建筑的组合形式

（图片来源：作者改绘）

2.3.2 光伏设施的立面安装形式

在建筑的 BAPV 实施中，光伏板在立面中常见的安装部位有女儿墙、墙体、阳台。其安装于立面可形成表皮丰富建筑的立面，强化建筑的视觉效果；由于建筑采光、通风等各方面的需求，光伏板在安装时常受到限制。光伏板安装于建筑立面有四种布置的形式（图2.5）。

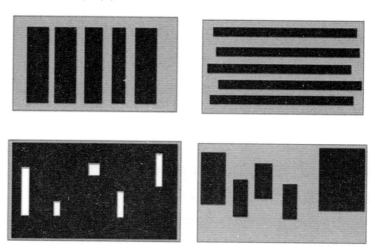

图 2.5　立面的四种布置形式

（图片来源：作者自绘）

（1）当光伏板以竖向阵列布置时主要受建筑物本身的窗户、阳台影响。需要注意的是，建筑物阳台和窗户在布置时本身带有一定规律性，可以给光伏板的布置提供一定的规律约束，加之光伏板宽窄形态的变化往往可以使这类型的BAPV建筑呈现一定的韵律美。

（2）光伏板以横向阵列布置在立面，或形成光伏板遮阳构件。横向布置的光伏板与条状的建筑遮阳构件形成呼应，增添建筑的美感。

（3）光伏板整面墙布置的形式常常出现在展示空间中，与建筑的其他面形成对比以凸显建筑的美感。

（4）光伏板自由布置往往可以使建筑呈现丰富的视觉效果，还可利用建筑原有墙面形成丰富的网格等。

女儿墙和阳台安装光伏板常见于工业园区中的居住类建筑，在这类建筑中女儿墙、阳台等位置安装的光伏板常作为立面重要的美观要素重复出现。在这些小型建筑中，一栋栋建筑上女儿墙的光伏板区别于其他建筑材质而凸显出来，分散又有规律地布置于整个区域的各个位置，极富韵律感。在阳台位置有规律地安装光伏板，使阳台与建筑所形成的大小对比及虚实关系更加凸显。

2.3.3　光伏设施与建筑的连接关系

　　运用遮阳构件产生的阴影可创造舒适的室内环境，减少建筑的运行能耗，将光伏板与建筑遮阳构件结合是建筑常见的节能手段。遮阳构件一般出现在建筑立面，可对建筑立面产生较大的视觉影响。在立面组织安装光伏板时具有较大的自由度，组织得当往往可以呈现良好的视觉效果。建筑西、南立面光照时间长，光照辐射强度大，为了提高光伏板的发电效率、改善建筑的光环境，光伏板常常安装在建筑的西、南立面。根据光伏板和建筑的连接关系可分为两种（图 2.6）。

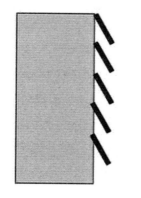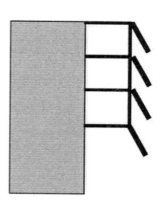

图 2.6　光伏板作为遮阳构件与建筑的两种关系

（图片来源：作者自绘）

　　（1）第一种光伏板布置所呈现的视觉效果与建筑自身的形态高度相关，成条布置的光伏板可赋予建筑立面规律感，光伏板倾斜所带来的光影效果也可丰富建筑的视觉效果。

　　（2）第二种与建筑分离布置的方式，除第一种所具有的优点外，还可在一定程度上弥补建筑自身的体块关系，增强建筑的美感。

2.4 光伏设施视觉感知规律分析

2.4.1 视觉感知

黄锵在《基于视觉感知的文化建筑穿孔金属表皮应用研究》一文中论述,视觉感知由视觉生理和视觉心理两方面共同影响形成。人眼感知系统作为神经系统的一部分,经过 BAPV 建筑物理刺激后产生电信号,电信号由视觉神经传入大脑后产生信息,形成我们对 BAPV 建筑美观度的感知。在这个过程中,BAPV 建筑颜色、形状等各种形态特征会带来我们情绪的变化而引发心理活动,进而影响电信号的形成。综上所述,我们对 BAPV 建筑美观度的视觉感知受视觉生理和视觉心理两方面的影响。

2.4.1.1 视觉生理

在讲述人体眼睛构造时,常用相机的原理来进行类比。两者的原理都是由于光的反射进入投影面形成信号产生信息从而成像。物体受光照后光线折射入我们的眼球产生物理刺激,BAPV 建筑在明度、色相上与周围环境有显著差异,视觉刺激产生的电信号,经过一系列反应生成信息,使 BAPV 建筑成为我们视觉的焦点。

2.4.1.2 视觉心理

人眼所获取的关于 BAPV 建筑美丑的信息来源于大脑的加工,我们的思维会受到心理活动的影响。人眼所看到的事物和内心想象的事物存在一定的区别,心中想象的事物,并不仅仅是客观的存在,还可能是主观的存在。古人云:"情人眼里出西施。"男女朋友中的一方出于对另一方的欣赏与喜爱会美化对方的一些缺点,进而影响视觉感知做出"西施"的判断与感知。我们的视觉心理受两方面的影响:一方面是物体本身固有的世俗特征,另一方面是个人的审美特征。在日常生活中，我们很少会把一个世俗意义上特别丑的东西美化，反观对于美的东西亦同。但是难免有一些"鲜花"和"牛粪"相配的事情出现，"牛粪"是世俗意义上的评价，经过视觉心理的处理牛粪便有可能变为沃土使这件事情变得合理。

当我们看到 BAPV 建筑时讲求实效的人会认为面积更大的遮阳板更利于建筑节能，从而对其美观度的认知产生影响，甚至得出的结果与其他人迥异。

2.4.2　视觉吸引

人类视觉注意机制（Visual Attention Mechanism）是人类视觉系统中重要的特征之一。当我们看到 BAPV 建筑时，视野中出现的信息量远远超越了我们大脑的处理能力，我们的大脑便会根据刺激对包含有吸引力事物的信息进行筛选。

其中有两种吸引筛选模式。第一种是自下而上的吸引筛选模式，当物体本身所具有的色相、明度、光影等对我们产生足够的刺激，例如我们看到色彩搭配和谐的 BAPV 建筑时会本能地产生舒适感，看到排列有序的光伏板时又会产生韵律感……从而将视觉焦点锁定在这一部分。第二种是自上而下的吸引筛选模式，人脑有意识地去筛选想要看到的内容。例如喜欢摄影的人，会出于日常的摄影训练本能地去关注 BAPV 建筑上那些排列更为有序的光伏设施；对于常年在画纸前作画的画家，更倾向于寻找便于体现 BAPV 建筑美感的角度去观赏建筑；而对于建筑师，更注重的是光伏组件是否会对建筑的实用性、经济效益和社会效益等产生积极的影响。

2.4.3　形式美规律

毕达哥拉斯学派认为形式美是真正的美，柏拉图认同毕达哥拉斯学派的观点，把形式美引向秩序、比例还有和谐。柏拉图认为，美感如同秩序感、尺寸感、比例感和和谐感，是人和神之间的纽带。由此可见，形式美是各种艺术美的同一法则。建筑表现艺术也遵从形式美的法则，BAPV 建筑所形成的肌理和韵律等正是形式美法则的体现。

2.4.3.1　多样与统一

单调的事物令人乏味，但太过追求变化又令人眼花缭乱。偏离了统一的变化大多不是美的，多样的美正如自然界向阳而生的树木，每一根树枝都拥有不同的走向，每一片树叶都有不同的纹路，却都源自同一段树干，它们恣意向阳生长，展现勃勃生机。一般情况下，在 BAPV 建筑中光伏组件的颜色和肌理应尽量与建筑达到整体风格的统一，而为了避免单个建筑的单调性，光伏组件的颜色和肌理也是设计师要考虑的重要设计因素。

2.4.3.2　稳定与均衡

稳定给人安静沉稳的感觉，会让人产生踏实感。整体结构不稳定的大厦好像时刻都要倾塌，使人内心慌乱恐惧，自然不会产生美的感觉。但看似不稳定的东西可以通过质量、色彩、尺度和质感等使其达到均衡，产生一种异样的美。树木上大下小，某种程度上是不稳定的，但树木粗壮厚实的树干与风中摇曳的叶片又可以相互平衡，达到均衡从而产生美感。组件的稳定可靠是电站长期稳定的关键，光伏组件的均衡与稳定同样对建筑的美景度有着重要的影响。光伏板与建筑主体的尺度对比，光伏板安装的倾角、高度等都会影响 BAPV 建筑的稳定感和均衡感，影响人们对 BAPV 建筑的审美体验。

2.4.3.3　节奏与韵律

节奏与韵律常常形容音乐，空灵轻快和激昂起伏的音乐给人以美妙的体验。连绵不绝的群山，高低起伏；各式各样的高楼，错落有致；郁郁葱葱的森林，高耸云天，这些事物呈现出不同的节奏与韵律，给人愉悦的视觉效果。节奏与韵律都是重复、变化的统一体，节奏强调变化的重复美、机械美；韵律则强调有规律、有秩序的变化美。BAPV 设计可发挥光伏组件的单元式优点来表现节奏和韵律美。

2.4.3.4 比例与尺度

比例与尺度是人、物和建筑之间，建筑与建筑之间的相互关系。好的建筑比例得当可使人产生舒适亲切或神秘厚重的感觉，给人奇妙的空间体验。差的建筑在城市中置入就像巨大的混凝土盒子使人倍感压抑。光伏组件的比例、尺度若与建筑整体相吻合，则容易在外观上获得协调，这也是光伏组件选型的依据之一。在 BAPV 建筑设计中，考虑窗户及建筑物的其他部分的形状与比例，以一种几何比例的关系将不同的两种材质相联系，进而让整个建筑看上去更加协调。

2.4.3.5 主从与重点

在语言中，句子分为主句和从句。在建筑中也不例外，主从关系是建筑设计领域中一个重要的关系，不管是在建筑群体的布局，还是对于建筑单体的造型，建筑的内部空间都应有主有次，主要的建筑构件需要特别突出，而次要的可以一笔带过，这样才可以使建筑的整体主次分明、有重心。在 BAPV 建筑中，建筑屋顶的造型可作为主体部分，而光伏组件的布置设计作为整个建筑造型的次要部分。

2.4.3.6 对比与微差

把两种对应的事物对照比较，使作品主题更突出，人物形象更鲜明，思想感情更深刻，并且能收到以少胜多的艺术效果。而在建筑设计中，元素和元素之间存在一定差异，差异大就形成对比，差异不大就形成微差。对比与微差相互作用、相互影响，进而形成一个富有变化的有机整体。我们在建筑中常采用的对比手法有虚实对比、明暗对比、纵横对比等。采用对比手法突出光伏组件，则会瞬间吸引人们的眼球，起到很好的示范效应。

2.4.4 格式塔心理学

格式塔心理学是视知觉领域重要理论，又称为知觉定律。它表明人们对任何图形的感知都趋向简单和易于理解。基于格式塔心理学研究 BAPV 建筑的视觉影响有以下几个特征（图 2.7）。

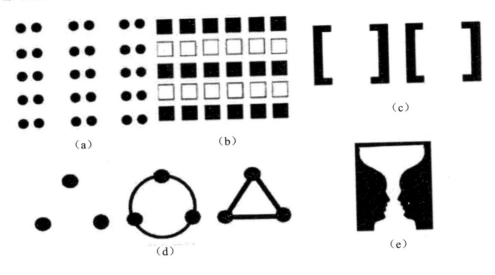

图 2.7　视觉影响的特征

（图片来源：网络）

（a）接近原则；（b）类似原则；（c）封闭原则；（d）简单原则；（e）图底关系

2.4.4.1　接近原则

当视域范围内出现几个相互接近的元素时我们趋向于把它们理解为一个整体对象。例如，我们在观察时会把图 2.7(a) 中的圆点看作 3 列有序排列的矩阵，而不是 30 个独立的圆点。在 BAPV 建筑中也经常会出现这种现象，如我们会把并排形成一行的建筑遮阳光伏板理解为一组遮阳构件，整个建筑的立面由若干组这样的遮阳构件覆盖形成。当两个 BAPV 建筑距离较近时，我们的大脑会下意识给这两个建筑建立关联性，将它们视为一个 BAPV 建筑群组；而当这两个建筑距离较远时，我们的大脑会把它们自动区别为两个独立的个体。

2.4.4.2　类似原则

人们趋向于把群组中具有相似性的事物分类成组去理解。图 2.7(b) 中的图形人们会把它们作为黑白两组图形去理解，即使它们具有相同的形状。在看到

BAPV 建筑时我们会把建筑中的光伏板分为横向布置、竖向布置等观察它们的分布规律。

2.4.4.3 封闭原则

人们会把一些不重要部分残缺的事物作为生活中常见的完整的事物去理解，例如我们很容易会把图 2.7(c) 的图形作为"口"字去理解；当两个圆环相互重叠时，重叠的部分会"打断"一个完整的圆，但我们依然会把被"打断"的圆作为一个完整的圆去理解；我们观看一座 BAPV 建筑时，会自动忽略整块光伏幕墙中因采光需要而预留的缺口，将整面光伏幕墙作为完整的个体进行审美评价。

2.4.4.4 简单原则

人们会对外界事物进行简单化处理，以便于自身的理解感知。如在图 2.7(d) 中我们会趋向于把图中的三个点作为三角形而不是圆形感知。在建筑中也是这样，我们会趋向于把复杂的建筑意象处理为日常生活中简单的几何图形去理解。如当我们想起路易斯康、贝聿铭等建筑大师的作品时脑海中可能会出现三角形、圆形、梯形等日常生活中随处可见的简单图形；近些年的一些备受关注的建筑也是如此，直向建筑设计事务所中董功老师设计的建筑阿拉亚礼堂、扎哈事务所的丽泽 soho 等简单有力的几何图形深深扎根在我们脑海中。由此可见，在我们对 BAPV 建筑进行审美感知时，简单原则有着重大的影响。

2.4.4.5 图底关系

基于外部世界的认知，人会有意识地把图形中的一部分当作"图"去分析，剩余的一部分则作为"底"。图 2.7(e) 一些人会把"杯"当作图来处理，而假如把"杯"当作底来处理那么图则是四目相对的两个人。在观察 BAPV 建筑时，把光伏板或者原建筑立面作为图或底去看待，会呈现不同的视觉效果，从而产生一定的趣味性。

2.4.5 主体情感特征

所谓情感是指人对客观存在的物体或现象，是否能够满足自身精神和物质需求而形成的态度体验，是一种人对客观物质世界的主观反映。《心理学大辞典》提到不同的人看到 BAPV 建筑时或许会因为建筑本身的形体、色彩、质感产生新奇感、魅力感、愉悦感等一系列感觉，每个人对不同感觉的体验差异可能不同，我们把这种不同称为主体情感特征。当形态所表现出的各种内在关系与人的某种情感模式相对应时，人会自然而然地从中体会一种律动、平衡等，从而感知到精神活动所必需的信息。为了满足人的情感体验，我们把情感融入建筑设计之中，使建筑物达到审美与使用的统一。一座好的建筑可以激发人的情绪感知，使人拥有美好的情感体验从而影响人对建筑的主观审美，BAPV 建筑也是这样的。人的主体情感特征及建筑物所呈现出的情感体验，深深影响着人对 BAPV 建筑的审美感知。

3　工业建筑光伏设施的视觉影响因子分析

3.1　视觉评价方法的确立

3.1.1　调查设计

光伏设施对工业建筑的视觉影响需要了解客体内在的规律和主体对于客体的偏好与态度。因此，本书选取客观物质属性和视觉主体感受两方面进行研究。基于光伏设施与建筑形体构成的要素复杂多样，且既往对光伏设施与建筑视觉影响因子的研究不足，需要通过一定的方法综合探究光伏设施对建筑视觉质量影响的主要因素构成以及它们之间的相互关系。本书采用综合的美景度评价法（SBE法）进行评价研究。

SBE法是一种国内学者已经在各领域运用较多且发展成熟的景观评价方法，被认为是景观评价心理物理学派最严格且准确的方法。该方法认为景观与审美是刺激与反应的关系，并主张以群体的普遍审美偏好作为景观质量的评价标准。采用SBE法能够以公众角度为评价依据而减少对专家的依赖，同时能较客观地测定美景度值。主要步骤是进行实地拍照采样，通过问卷调查的方式请公众根据样本照片进行打分，统计获得能够反映人们对景观偏好的美景度值。

3.1.1.1　获取BAPV建筑照片

从已有的研究中可知，使用照片作为评价景观的方式与被测者在现场进行评价得到的效果并无显著的差异。照片选择的具体执行要求如下所述。①天气：

晴天；②时间：白天（避开清晨、傍晚）；③视角：尽量多为人视图，以满足正常观测视角；④统一选图格式排版，避免由于照片尺寸问题对后续工作造成影响。依照上述原则，在2023年7月进行样本照片获取。此次研究共拍摄照片237张，综合考虑光伏板、建筑体量、安装位置等要素组合，经过多次比较筛选后选取40张具有代表性照片作为评价样本（图3.1）。

图 3.1　40 张样本照片

（图片来源：作者整理）

3.1.1.2　确定调查对象

目前从国内外相关的研究内容可知，虽然调查对象为具有不同文化背景的评价者，但是在景观评价时对各景观的审美态度上具有相似性和一致性，因此，本研究选取了433名不同背景的普通群众进行评判。

3.1.1.3　评价方式

使用问卷设计软件问卷星进行设计问卷，采用线上发布的方式发放问卷。评判标准选用 5 分制，采用分值 1、2、3、4、5 分别代表非常不漂亮、不漂亮、一般、漂亮、非常漂亮。

3.1.2 问卷回收

此次调查问卷共发放 433 份，回收率 100%。检查后删除无效问卷 41 份，得到有效问卷 392 份，有效率为 90.3%，属正常水平。合格问卷的评价者中本科生 243 人，研究生及以上 89 人，占总评价者人数 84.7%。此次评价者女性占比约 48%，男性占比约 52%，包括来自各个不同行业的在职人员和不同专业的学生。

3.1.3 数据处理

景观本身的属性和评价主体的审美认知决定了美景度的结果，为了尽量减少评价主体的审美尺度不同对判断结果造成影响，需要对评判结果进行 SBE 量值标准化处理：

$$MZ_i = \frac{1}{m-1} \sum_{k=2}^{m} f\left(1 - CP_{ik}\right) \tag{3-1}$$

$$SBE_i = \left(MZ_i - BMMZ\right) \times 100 \tag{3-2}$$

式中：MZ_i—— 受测物 i 的平均 z 值；

$\quad$ CP_{ik}—— 观测者给予受测物 i 的评值为 k 或者大于 k 的频率；

$\quad$ $f(CP_{ik})$—— 累计频率正态函数分布频率；

$\quad$ m—— 评值的等级数；

$\quad$ SBE_i—— 受测物 i 的 SBE 值；

$\quad$ $BMMZ$—— 参考的基准照片的平均 z 值。

然后再次采用 Z 标准化的方法进行景观美景度调查数据检验，公式如下：

$$Z_{ij} = \left(R_{ij} - \overline{R_j}\right) / S_{ij} \tag{3-3}$$

$$\overline{R_j} = \frac{1}{n} \sum_{i=1}^{n} R_{ij} \tag{3-4}$$

$$S_{ij} = \sqrt{\frac{1}{n-1} \sum_{i=1}^{n} \left(R_{ij} - \overline{R_j} \right)^2}$$

（3-5）

式中：Z_{ij}——第 j 个评审者对第 i 张的样本标准化评分值；

R_{ij}——第 j 个评审者对第 i 张样本的评分；

$\overline{R_j}$——第 j 个评审者对全部观测样本评分的平均值；

S_{ij}——第 j 个评审者对全部观测样本评分的标准差。

3.1.4 评价结果

对所统计的 392 份有效问卷中各样本照片获得的每一评价等级的频数进行统计（表 3.1）。

表 3.1 样本照片评价等级频数

样本编号	1分	2分	3分	4分	5分
	非常不漂亮	不漂亮	一般	漂亮	非常漂亮
1	24	32	21	92	223
2	45	96	42	152	57
3	27	84	38	41	202
4	38	56	117	61	120
5	25	49	43	156	119
6	23	87	96	152	34
7	35	93	146	106	12
8	276	43	38	16	19
9	86	184	78	23	21
10	18	21	21	196	136
11	24	63	165	87	53
12	86	127	148	18	13

续表

样本编号	1 分	2 分	3 分	4 分	5 分
	非常不漂亮	不漂亮	一般	漂亮	非常漂亮
13	18	83	157	89	45
14	15	183	139	43	12
15	83	236	18	42	13
16	35	234	19	25	79
17	17	73	136	152	14
18	12	47	302	18	13
19	10	43	98	152	89
20	27	196	36	92	41
21	13	89	247	12	31
22	238	43	39	40	32
23	22	82	46	155	87
24	14	197	34	131	16
25	12	39	16	282	43
26	11	24	258	51	48
27	17	79	187	37	72
28	38	142	156	43	13
29	9	122	235	11	15
30	11	43	276	23	39
31	42	46	247	38	19
32	136	18	76	153	9

续表

样本编号	1分 非常不漂亮	2分 不漂亮	3分 一般	4分 漂亮	5分 非常漂亮
33	9	42	208	17	116
34	162	48	94	43	45
35	20	157	85	78	52
36	138	152	78	14	10
37	46	147	139	43	17
38	48	182	96	21	45
39	38	52	206	49	47
40	39	43	177	92	41

根据表 3.1 统计出的样本照片各评价等级频数，采用式（3-1）、式（3-1）对有效问卷数据进行标准化处理，后采用式（3-3）至式（3-5）以进行数据标准化检验，以获得 40 个样本照片的 SBE 值。根据上述计算方法将景观质量分数进行标准化后，得出 40 张图片的美景度评价结果（表 3.2）。

从表 3.2 中可以看到，样本 1 的美景度值最高，达到 1.40；样本 8 的美景度最低，达到 -1.60。由图 3.2 可以看出，样本 1、2、3、4、5、6、10、11、13、17、19、23、25、26、27、30、33、39、40 共计 19 张照片美景度值为正数；样本 7、8、9、12、14、15、16、18、20、21、22、24、28、29、31、32、34、35、36、37、38 共计 21 张照片美景度值为负数。

表 3.2 景观美景度 SBE 值评价结果

样本编号	美景度值	样本编号	美景度值	样本编号	美景度值	样本编号	美景度值
1	1.40	11	0.27	21	−0.10	31	−0.13
2	0.27	12	−0.74	22	−1.22	32	−0.33
3	0.95	13	0.21	23	0.64	33	0.60
4	0.54	14	−0.41	24	−0.16	34	−0.69
5	0.91	15	−0.97	25	0.94	35	−0.02
6	0.29	16	−0.34	26	0.33	36	−1.15
7	−0.07	17	0.25	27	0.23	37	−0.46
8	−1.60	18	−0.05	28	−0.42	38	−0.47
9	−0.85	19	0.83	29	−0.27	39	0.07
10	1.26	20	−0.20	30	0.14	40	0.19

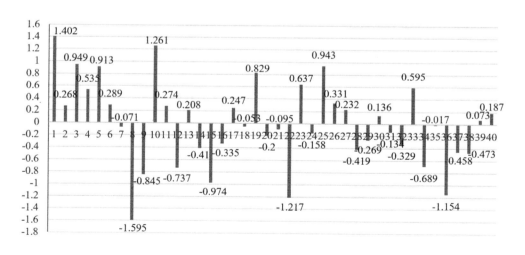

图 3.2 SBE 标准化值

（图表来源：作者自绘）

3.2 视觉评价影响因子的分析

3.2.1 初定视觉评价影响因子

通过对光伏建筑视觉影响要素构成相关理论研究和案例解读分析，以及对相关学者及专家进行问卷调查统计，初步归纳总结影响光伏设施对建筑视觉的影响因子 24 个（表 3.3）。

表 3.3　视觉评价影响因子

影响要素		影响因子	评价描述	量化方法
客观要素	光伏板本体要素	1. 光伏板的形状	常规形状，异形	分类分析
		2. 光伏板的材质肌理	单一，多种变化	分类分析
		3. 光伏板的色彩	单一，多种变化	计数统计
	光伏板安装要素	4. 安装高度	立面，坡屋顶	分类分析
		5. 安装方式	幕墙，遮阳，窗间墙	分类分析
		6. 安装角度	30°，60°，90°	分类分析
		7. 安装面积占比	光伏板占墙面总面积比例	图像处理
		8. 光影效果	光伏板是否形成建筑光影	判断是否
		9. 韵律与节奏	单一无变化，有韵律，有 2 种以上韵律	分类分析

续表

影响要素		影响因子	评价描述	量化方法
主观要素	整体和谐要素	10.形状和谐度	光伏板形状与建筑表面和谐，不和谐	判断是否
		11.材质和谐度	光伏板材质与建筑材质和谐，不和谐	判断是否
		12.色彩和谐度	光伏板色彩与建筑色彩和谐，不和谐	判断是否
	情感要素	13.新奇度	平常的，新奇的	判断是否
		14.愉悦感	不愉悦的，愉悦的	判断是否
		15.魅力度	无吸引力，有吸引力	判断是否
		16.特色度	无特色的，特色显著的	判断是否

3.2.2　客观构成要素分析

3.2.2.1　光伏设施本体要素分析 —— 以样本1为例进行评析

如图3.3所示，样本1为典型的光伏板附加式构件，以光伏板做内走廊窗户外遮阳（挡雨）板，该图片为人视角摄影，符合正常观测视角，可观测到光伏板整体材质纹理、光伏设施与建筑整体比例关系。通过对样本1主体建筑立面分析首先可清楚观测到光伏设施与开窗面积的比例。由图3.4、图3.5所示，东立面光伏设施与开窗面积之比为1：5，南立面光伏设施与开窗面积之比为1：3.62。其次样本1光伏设施整体排列布局同窗户走向一致，光伏板整体材质纹理同建筑立面的玻璃幕墙、走廊窗户屋檐适配度良好；整体光伏板颜色与建筑主色调适配度较高，且无强烈的对比色调。

结合对样本1的分析，光伏板本体要素与美景度呈二元非线性相关，表明画面中光伏设施形状越丰富、色彩变化越多，人们就认为画面越美，但达到峰值后，其呈现效果相反，越不受公众欢迎。在问卷调查中也证实了此观点，不同年龄、性别的群众均表示光伏设施形状变化、颜色丰富度不宜过多。同时光伏设施形状变化、颜色丰富度越多，越有可能将原有的建筑外观样式遮蔽，让建筑的风格和色彩更杂乱无章。

图 3.3 样本 1 观测照片

（图片来源：温哥华城市可持续研究报告）

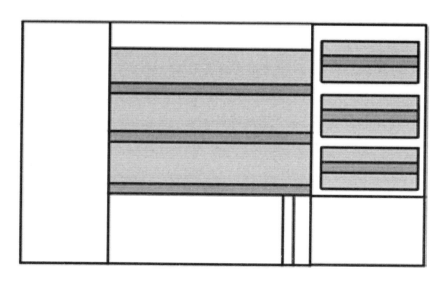

图 3.4 样本 1 西立面分析图

（图表来源：作者自绘）

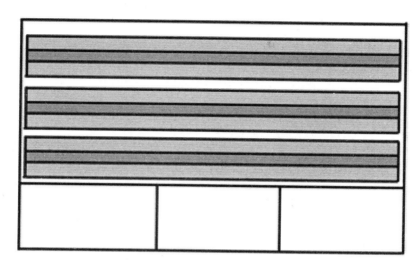

图 3.5   样本 1 南立面分析图

（图表来源：作者自绘）

3.2.2.2   光伏板安装要素分析 —— 以样本 3 为例进行评析

如图 3.6 所示，样本 3 的光伏板主要为集中在建筑物立面和屋顶的太阳能电池板系统，在最初规划设计时考虑到建筑的定位和方向，以及原有窗户的布局朝向，确保光伏设施后期安装时采光和自然通风的最大化；此外使用部分光伏板为朝南的窗户遮阳，并尽量减少朝西的光伏板的安装，塑造和规划以完善建筑内部采光和自然气流分布。其次，在对样本 3 的建筑光伏设施的调查中发现，太阳能光伏板也是建筑围护结构的组成部分，在南侧外廊起到重要的防护作用。

结合对样本 3 的分析，光伏板安装要素与美景度呈正相关，表明画面中光伏设施排列布局越合理，人们就认为画面越美。在专家因子问卷的调查中同样表明，光伏板安装的固定高度、固定角度、排列布局与整体位置适配度都是影响美景度的重要因素，合理的布置能够进一步提升整体建筑美景度值。

图 3.6 样本 3 观测照片

（图片来源：筑龙学社－科罗拉多州法院）

3.2.3 主观构成要素分析

3.2.3.1 整体和谐要素分析 —— 以样本 10 为例进行评析

如图 3.7 所示，样本 10 主要表现建筑立面及光伏设施材质色彩，物体质感表现与其所处光线条件密不可分，说明在观测样本时，当时所处环境能够在一定程度上影响观测效果。其中光伏板的色彩和谐度更进一步影响了整体建筑形象的美景度，人们普遍认为色彩和谐的建筑立面更优美。光伏板的色彩丰富度与美景度呈二元非线性相关，在一定程度上说明，光伏板色彩丰富度能够提高整体美景度值，但若色彩丰富度过高，则显示整体色彩杂乱无章。

在样本 10 的建筑立面中，鲜艳的色彩板块从底层的庭院开始上升到朝南的绿色屋顶，与南面光伏板形成鲜明对比，避免了色彩重复。

此外，为了保证了内部有穿堂风和足够的采光，以及光伏板与建筑形体相协调，将台阶式建筑外壳作为太阳能电池板提供朝南的安装面，而两面开设大窗。不仅如此，为进一步有效缓解太阳辐射，发挥光伏板材质效果，将沿街立面设置为遮阳构件。

3.2.3.2 情感要素分析 —— 结合问卷数据进行评析

太阳能光伏设施与建筑结合后产生新的景观风貌，在现实生活中产生了较大的视觉影响，且大部分光伏设施无法达到社会公众的审美要求。从问卷结果来看，首先 BAPV 建筑大部分视觉影响最大，公众的接受度也较低，多数认为缺少独特性、美观性。BAPV 建筑大多倾向以光伏屋顶为主、光伏幕墙为辅，其产生的景观效果不一。其次，大多数被调查者认为深色、隐性和非反光的光伏构件比闪亮材料和明亮颜色的视觉侵扰更小，更容易使公众接受、与周围环境的融合度更高，在提升建筑物整体美学的同时，更能够为公众带来愉悦感。

图 3.7　样本 10 号观测照片

（图片来源：纽约·V 社区·Frank 的家）

总体来说，虽然国内相关技术获得了较大突破，但在普及的道路上任重道远。一些示范项目的建设宣传力度不够，社会公众了解认知不足，使他们对新技术的认知趋近于零，缺少对光伏建筑设施的认识及接受。目前技术进步能够保障太阳能利用模式具有更高的发电效率，但在满足使用功能的前提下，应充分满足公众的视觉审美要求，提高光伏建筑整体魅力值。

3.2.4　指标因子评分标准制定

在影响评价要素分解完成后，对建筑视觉影响评价指标的评分标准进行划分，以对不同评价因子所对应属性程度进行量化，进行具体的数值评价，构建光伏设施对建筑视觉的影响评价标准的参考表（表 3.4）。

3.2.4.1 光伏板的形状类得分

排序为："形状有较多的变化与组合，形态平衡、对称、比例适合，协调统一" > "形状有较多的变化与组合，统一性较强" > "形状有一定的变化与组合，不杂乱" > "形状单一无变化组合，比例不当，视觉不适" > "形状单一无变化，比例失调，视觉混乱"，说明有组合变化和建筑统一的光伏板形状优于单一无变化和比例不当的光伏板，人们普遍认为一组光伏板的形状有变化，单个光伏板形态平衡、对称、比例适合，和建筑协调统一是优美的。光伏板的形状优美度与形状变化的丰富度、比例的适当度和建筑的协调度成正相关，可能在一定程度上说明光伏板形状变化丰富且比例适当，达到了和建筑的和谐统一的照片，因其光伏板未对建筑整体的外在形象产生较大的影响，使人感受到主体在建筑上，达到一种美的感觉。而光伏板形状单一无变化、比例失调、视觉混乱的照片，因其光伏板对建筑主体产生较大影响，破坏建筑原有的外在面貌而且不协调，使得立面上混乱单调使人在视觉上产生丑的感觉。

3.2.4.2 光伏板的材质肌理得分排序

排序为："有变化与创新，与建筑表面材质肌理和谐，统一中有细微变化，层次感丰富" > "有一定变化，与建筑表面材质肌理和谐统一，视觉舒适" > "有一定变化，与建筑表面材质肌理有一定的统一性" > "有少量变化，与建筑表面材质差异较大，毫无规律" > "比较常见平庸，与建筑表面材质肌理格格不入"，说明材质创新和变化所营造出的层次感优于材质平庸单调营造出的层次感。给人感觉好的照片所显示的材质大多与建筑表面肌理和谐、与建筑的外在形象相契合，这可能是因为人们在看建筑时看到的主体还是以建筑为主，材质的层次感和建筑契合度使得光伏板成为建筑立面装饰的一部分，光伏板和建筑未产生分离，使得人们产生良好的感觉体验。

表3.4 光伏设施对建筑视觉视的影响因子层评分标准

评价指标	评分标准				
	20分	40分	60分	80分	100分
1. 光伏板的形状	形状单一无变化，比例失调，视觉混乱	形状单一无变化，比例不当，视觉不适	形状有一定的变化与组合，不杂乱	形状有较多的变化与组合，统一性较强	形状有较多的变化与组合，形态平衡、对称，比例适当、协调统一
2. 光伏板的材质肌理	比较常见、平庸，与建筑表面材质肌理格格不入	有少量变化，与建筑表面材质肌理格差异大，毫无规律	有一定变化，与建筑表面材质肌理有一定统一性	有一定变化，与建筑表面材质肌理和谐统一，视觉舒适	有变化与创新，与建筑表面材质肌理统一化，统一中有细微变化，层次感丰富
3. 光伏板的色彩	与建筑立面色彩对比强烈、明度、饱和度较高，且面积大小相近，色彩搭配突兀	与建筑立面色彩对比强烈，明度、饱和度较高，但光伏板面积较小	与建筑立面色彩对比强烈、明度、饱和度较低，如莫兰迪色	与建筑色彩为相近色，对比较弱，如绿色和蓝色	与建筑立面色彩为同一色系，明度、饱和度和谐统一，整体效果和谐统一
4. 安装高度	人视平线以下（以成人平均身高为准，男性1.7 m，女性1.6 m）	平视及3.6 m以下	3.6 m以上但不高于屋顶2.6 m（以当地法规的上限值为准），与建筑立面和谐度低，层次单一	3.6 m以上但不高于屋顶2.6 m（以当地法规的上限值为准），与建筑立面和谐度高，层次丰富，有错落	屋顶安装最佳，建筑为坡屋面结构时，顺坡；建筑为平屋面结构时，与屋面距离不超过2.6 m，且利用女儿墙等建筑构件对光伏组件进行适当围挡，保证建筑主体美观

续表

评价指标	评分标准				
	20分	40分	60分	80分	100分
5. 安装方式	光伏板排列设计与建筑构件形状毫无关联，突兀感强烈	光伏板排列设计与建筑构件形状几乎无关联，突兀感强烈	光伏板排列设计与建筑构件形状关联不大，稍显突兀	光伏板基本能结合建筑构件形状进行排列设计，与建筑有一定的融合度	光伏板能巧妙结合建筑构件进行排列设计，与建筑融合度高
6. 安装角度	光伏板安装角度 0°~20°	光伏板安装角度 20°~40°	光伏板安装角度 40°~50°/80°~90°	光伏板安装角度 50°~60°/70°~80°	光伏板安装角度 60°~70°
7. 安装面积占比	面积占比过小或过大，导致视觉效果混乱，难以辨认和理解	面积占比不太合理，影响到整体的平衡和美感，视觉效果不够协调	面积占比适中，能够保持基本的平衡和美感，效果较为一致	面积占比恰当，能够突出重点元素，呈现出清晰、有层次感的视觉效果	面积占比完美，充分发挥了各元素的作用，使整体呈现出极具吸引力的视觉效果
8. 光影效果	无建筑光影	细微建筑光影	渐进建筑光影	显著建筑光影	丰富建筑光影
9. 韵律与节奏	缺乏韵律节奏	有较弱韵律节奏	有一定韵律节奏	有较强韵律节奏	有丰富韵律节奏
10. 形状和谐度	和谐度很差	和谐度较差	有一定的和谐度	和谐度较好	和谐度很好

续表

评价指标	评分标准				
	20分	40分	60分	80分	100分
11. 材质和谐度	和谐度很差	和谐度较差	有一定的和谐度	和谐度较好	和谐度很好
12. 色彩和谐度	和谐度很差	和谐度较差	有一定的和谐度	和谐度较好	和谐度很好
13. 新奇度	缺乏新颖性和创新性	具有部分新颖性和创新性	具有一定程度的新颖性和创新性	具有较高的新颖性和创新性	具有极高的新颖性和创新性
14. 愉悦感	不能给观察者带来乐趣、舒适感	能够给观察者带来较低的乐趣、舒适感	能够给观察者带来一定的乐趣、舒适感	能够给观察者带来较高的乐趣、舒适感	能够给观察者带来极高的乐趣、舒适感
15. 魅力度	缺乏吸引力和迷人之处	具有部分吸引力和迷人之处	具有一定吸引力和迷人之处	具有较高的吸引力和迷人之处	具有极高的吸引力和迷人之处
16. 特色度	没有明显的独特之处	有一些特色,但不够独特或突出	有一些独特之处,但相比其他光伏设施一般	具有明显的独特之处,相比其他光伏设施突出	具有非常独特和突出的特点,相比其他光伏设施优势和特色更明显

3.2.4.3 光伏板的色彩得分排序

排序为："与建筑立面色彩为同一色系，明度、饱和度不同，整体效果和谐统一">"与建筑色彩为相近色，对比较弱，如绿色和蓝色">"与建筑立面色彩对比强烈，明度、饱和度较低，如莫兰迪色">"与建筑立面色彩对比强烈，明度、饱和度较高，但光伏板面积较小">"与建筑立面色彩对比强烈，明度、饱和度较高，且面积大小相近，色彩搭配突兀"。得分高的照片中光伏板的色彩与建筑立面色彩为非同一色系，但明度、饱和度不同，整体效果达到和谐统一，由于人对颜色的感知很敏感，非同一色系时光伏板色彩相对建筑较为突出。若光伏板和建筑的契合度较低，会让人产生光伏板和建筑脱离的感觉。

3.2.4.4 光伏板高度得分排序

排序为："屋顶安装最佳，建筑为坡屋面结构时，顺坡；建筑为平屋面结构时，与屋面距离不超过 2.6 m，且利用女儿墙等建筑构件对光伏组件进行适当围挡，保证建筑主体美观。">"3.6 m 以上但不高于屋顶 2.6 m（以当地法规的上限值为准），与建筑立面和谐度高，层次丰富，有错落。">"3.6 m 以上但不高于屋顶 2.6 m（以当地法规的上限值为准），与建筑立面和谐度低，层次单一">"平视及 3.6 m 以下">"人视平线以下（以成人平均身高为准，男性 1.7 m，女性 1.6 m）"。通过对得分高的照片分析得出光伏板高度的美观度和其安装的高度成正比，因其光伏板安装高度越高，对建筑主体的影响越小，当光伏板安装于屋顶时，对建筑主体影响最小，可以把建筑立面完全展示出来。这主要是因为 BAPV 光伏板是外加光伏，在建筑设计初期未曾考虑过光伏板的安装，所以建筑整体的外在形象是完整的，外加的光伏板对建筑形象必然会产生影响，最佳的视觉感觉就是减弱这种影响，故得出光伏板安装高度越高和建筑立面越和谐层次越丰富，外在的视觉体验就越好。

3.2.4.5 光伏板安装方式得分排序

排序为："光伏板能巧妙结合建筑构件进行排列设计，与建筑融合度高" > "光伏板基本能结合建筑构件形状进行排列设计，与建筑有一定的融合度" > "光伏板排列设计与建筑构件形状关联不大，稍显突兀" > "光伏板排列设计与建筑构件形状几乎无关联，突兀感强烈" > "光伏板排列设计与建筑构件形状毫无关联，突兀感强烈"。屋顶安装的形式对工业建筑美观度影响不大，故我们主要研究光伏板安装于建筑立面的几种安装方式。BAPV 建筑根据光伏板与建筑立面的关系可分为幕墙式安装、窗间墙式安装、格栅式安装、遮阳构件安装、多种方式混合安装五种。根据样本分析，安装方式对 BAPV 建筑美观度的影响主要取决于安装方式是否适宜建筑本身，即与建筑构件的设计融合程度。故可依据光伏板与建筑构件的融合程度将安装方式对 BAPV 建筑美观度的影响划分为表 3.4 中五个等级。

3.2.4.6 光伏板安装角度得分排序

"光伏板安装角度 60° ~ 70°" > "光伏板安装角度 50° ~ 60°/70° ~ 80°" > "光伏板安装角度 40° ~ 50°/80° ~ 90°" > "光伏板安装角度 20° ~ 40°" > "光伏板安装角度 0° ~ 20°"。光伏板安装角度的主要影响因素为当地的地理位置、不同的季节变化、光伏板的材质和类型以及气候条件。不同地理位置的太阳高度角和方位角不同，因此最佳倾角也不同。在不同的季节太阳高度角和方位角也有所不同，因此光伏板安装的最佳倾角需要根据季节进行调整。但是这具有一定的局限性，只针对具有追踪功能的光伏板。如果是固定安装的，最佳倾角的计算不需要考虑季节的影响。此外不同材质和类型的光伏板对最佳倾角的要求也不同，比如双面光伏板和单面的光伏板是不同的，这是因为双面板需要接受地面反射的太阳能。气象条件对光伏发电量的影响也需要考虑，如温度、风速、湿度等。不同气象条件对光伏发电有较大影响，因此最佳倾角计算也要考虑当地的气象条件特征。根据以上所有条件，综合分析可得，河南省光伏板立面安装最佳倾角为

60°～75°。为保证光伏板自清洁效果，光伏板的倾角不能过大。

3.2.4.7 安装面积得分排序

排序为："面积占比完美，充分发挥了各元素的作用，使整体呈现出极具吸引力和表现力的视觉效果">"面积占比恰当，能够突出重点元素，整体呈现出清晰、有层次感的视觉效果">"面积占比适中，能够保持基本的平衡和美感，视觉效果较为一致">"面积占比不太合理，影响到整体的平衡和美感，视觉效果不够协调">"面积占比过小或过大，导致视觉效果混乱，难以辨认和理解"。当光伏板的面积占比合理性较高时，意味着光伏板的尺寸与其周围元素和整体空间相匹配。这种合理的占比能够保持整体安装的平衡和美感，使得视觉效果更加协调、和谐。相反，当光伏板的面积占比合理性较低时，意味着光伏板的尺寸与其周围元素或整体空间不够匹配，这可能导致安装的视觉效果失衡或突兀。

3.2.4.8 新奇度得分排序

排序为："具有极高的新颖性和创新性">"具有较高的新颖性和创新性">"具有一定程度的新颖性和创新性">"具有部分新颖性和创新性">"缺乏新颖性和创新性"。当光伏板具有极高的新颖性和创新性时，它在设计、技术或功能等方面呈现出独特和前沿性的特点。这种光伏板打破了传统的设计模式和技术限制，可能采用了全新的材料、形状或装饰，对建筑物的外观产生了显著而积极的影响，使建筑物在视觉上具有引人注目的独特性。相反，当光伏板的新颖性和创新性较低时，它在设计、技术或功能等方面可能相对传统或常见。这种光伏板可能采用了已经广泛应用的设计模式或技术，没有太多的独创性。对于建筑物的外观来说，可能无法带来突破性的变化或独特性。

3.2.4.9 愉悦感得分排序

排序为："能够给观察者带来极高的乐趣、舒适感">"能够给观察者带来较高的乐趣、舒适感">"能够给观察者带来一定的乐趣、舒适感">"能够给观察者带来较低的乐趣、舒适感">"不能给观察者带来乐趣、舒适感"。当光伏设施能够通过设计、形状、材料或配色等方面营造出非常愉悦和舒适的视觉效果时，这样的光伏板在建筑物的外观中可能具有独特、美观的特点，能够让观察者感受到极大的愉悦和舒适，为建筑物增添了积极的视觉体验。相反，当光伏设施可能在设计、形状、材料或配色等方面未能有效地创造出愉悦和舒适的视觉效果时，观察者对这样的光伏板可能感受不到明显的乐趣或舒适，甚至可能对其漠不关心，对建筑物外观的主观感受的愉悦感方面影响较小。

3.2.4.10   魅力度得分排序

排序为："具有极高的吸引力和迷人之处">"具有较高的吸引力和迷人之处">"具有一定的吸引力和迷人之处">"具有部分吸引力和迷人之处">"缺乏吸引力和迷人之处"。当光伏板具有极高的吸引力和迷人之处时，这表示光伏板在外观上非常吸引人，具有极高的美感和视觉冲击力。它可能采用了创新的设计和材料，或是融入了艺术元素，使光伏设施成为建筑物的亮点和焦点。当光伏板缺乏吸引力和迷人之处时，无法给人以良好的视觉感受，可能是设计简单、平凡，或者与建筑环境不协调，没有与建筑物形成良好的整体效果。

3.2.4.11   特色度得分排序

排序为："具有非常独特和突出的特点，相比其他光伏设施优势和特色更明显">"具有明显的独特之处，相比其他光伏设施突出">"有一些独特之处，但相比其他光伏设施一般">"有一些特色，但不够独特或突出">"没有明显的独特之处"。当光伏板具有非常独特和突出的特点时，相比其他光伏设施优势和特色更明显，相对于其他类似的光伏设施，它的优势和特色更加明显，可能采用了全新的设计概念、先进的材料或创新的技术，使其在市场竞争中具备显著的优势。当光伏板没有明显的独特之处时，它可能采用了常见的设计和材料，没有与其他光伏设施形成明显的区别，这样的光伏板可能无法在建筑物表现其特色度。

3.3 本章小结

本章研究的主要内容是光伏设施对建筑视觉的影响因子分析。首先，对视觉评价方法进行确定，主要包括调查问卷的设计、样本选择规范、调查问卷回收、问卷数据处理及评价结果分析。结合调查问卷数据结果初步确定视觉评价影响因子，归纳总结影响光伏设施对建筑视觉的初步供选评价影响因子 4 类 24 个。从客观构成要素分析来看，主要以光伏设施本体要素、光伏板安装要素为主，从光伏设施本体安装多角度入手，逐步探讨其对景观美学的影响。从主观构成要素分析来看，多从整体和谐度及观测者的第一反应入手，分析主观感受，剖析产生条件。以上影响因素为光伏设施对建筑视觉评估指标体系的建立奠定了基础。

4 建立评价模型（AHP）

4.1 层次结构建立

　　运用层次分析法组织成具有逻辑性的递阶层次，构建成一个完整的层次结构模型（图4.1）。然后由专家对每一层因子相对于上一层因子的重要程度两两比较做出判断，最后运用SPSSAU软件进行分析计算得出每个评价因子的相应权重并做一致性检验，从而能够对复杂的问题简单化处理，即建立层次结构模型、构造判断矩阵、权重计算及一致性检验、确定综合权重4步。

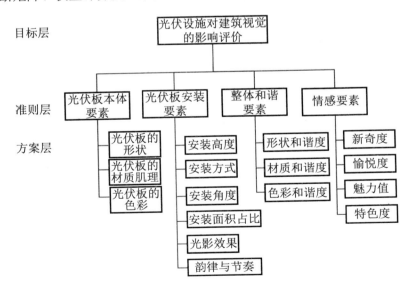

图 4.1　层次结构模型

（图片来源：作者自绘）

4.2 专家意见征询，判断矩阵构建

4.2.1 评价小组

邀请 8 位建筑、规划等领域专家学者对矩阵判断。

4.2.2 各层指标评估过程

给出光伏设施对建筑视觉影响评价判断矩阵表，请评价者依据各个指标层描述结合自己相关知识经验根据重要程度对各层指标进行两两比较，并且将评价结果填写在判断矩阵表格中。

4.3　各项指标相对权重计算及一致性检验

4.3.1　各项指标相对权重计算

设判断矩阵为 $A = (a_{ij})_{n \times n}$，计算该判断矩阵特征向量的和积法的具体计算步骤如下：

（1）A 中元素按列归一化，即求

$$\overline{a_{ij}} = \frac{a_{ij}}{\sum\limits_{k=1}^{n} a_{kj}} \quad , \quad i, \ j = 1, \ 2, \ \cdots, \ n \qquad （4\text{-}1）$$

（2）将归一化后的矩阵的同一行的各列相加，即

$$\widetilde{w_i} = \sum\limits_{j=1}^{n} \overline{a_{ij}}, \quad i = 1, \ 2, \ \cdots, \ n \qquad （4\text{-}2）$$

（3）将相加后的向量除以 n 即得权重向量，即

$$w_i = \frac{\widetilde{w_i}}{n} \qquad （4\text{-}3）$$

（4）计算最大特征根为

$$\lambda_{\max} = \frac{1}{n} \sum\limits_{i=1}^{n} \frac{(Aw)_i}{w_i} \qquad （4\text{-}4）$$

其中，$(Aw)_i$ 表示向量 Aw 的第 i 个分量。

4.3.2　一致性检验分析

在构建判断矩阵时，有可能会出现逻辑性错误，比如 A 比 B 重要，B 比 C 重要，但却又出现 C 比 A 重要。因此需要使用一致性检验是否出现问题，一致性检验使用 CR 值进行分析，CR 值小于 0.1 则说明通过一致性检验，反之则说明没有通过一致性检验。

针对 CR 的计算上，CR = CI/RI，CI 值在求特征向量时已经得到，RI 值则直

接查表得出。如果数据没有通过一致性检验，此时需要检查是否存在逻辑问题等，重新录入判断矩阵进行分析。

通过运用 SPSSAU 软件分别对 8 位专家、学者的矩阵判断结果一致性检验计算，对于未通过一致性检验的专家判断结果反馈给相应专家进行调整后进行权重计算。

4.3.3　打分矩阵的几何平均法计算

为了尽量避免因不同专家、学者打分矩阵的差异，降低对评价指标因子权重赋值的误差，充分考虑每一位专家、学者的评判意见和决定，对不同专家、学者各自的打分矩阵进行几何平均法计算（表 4.1、表 4.2）。

表 4.1　打分矩阵示例（1）

打分项	A	B
A	1	2
B	1/2	1

表 4.2　打分矩阵示例（2）

打分项	A	B
A	1	4
B	1/4	1

上面为 2 位专家的打分矩阵示例，那么进行几何平均法计算如下（对应值相乘然后取 $1/N$ 次方，N 表示专家数量），得到一个汇总矩阵（表 4.3）。

表 4.3　汇总矩阵示例

打分项	A	B
A	$(1\times1)^{0.5}$	$(2\times4)^{0.5}$
B	$[(1/2)\times(1/4)]^{0.5}$	$(1\times1)^{0.5}$

4.3.4 计算整体一致性

此种情况基于具有层次结构的 AHP 计算，其计算公式如式（4-5）。该式中涉及的 m、w、CI 和 RI 均是指"高层次"（比如 SPSSAU 案例中准则层）对应的指标数据，m 为准则层指标数量，w 为准则层指标对应的权重值，CI 和 RI 值分别为多次 AHP 的结果，比如"第 1 个准则层指标"对应方案层进行 AHP 时得到的数据。CR 的检验标准中，CR < 0.1 即说明具有整体一致性。

$$CR = \frac{w_1CI_1 + w_2CI_2 + \cdots + w_mCI_m}{w_1RI_1 + w_2RI_2 + \cdots + w_mRI_m} \qquad (4\text{-}5)$$

4.3.5 AHP 分析

下面对 8 位专家、学者各自的打分矩阵进行几何平均法计算，得到一个汇总矩阵，然后 SPSS AU 分析时使用该矩阵进行 AHP 分析，得到较为可靠的指标因子权重（表 4.4 至表 4.8）。

判断矩阵 1：$\lambda_{max} = 4$，CR = 0.000 < 0.1，满足一致性检验。

表 4.4 评判结果（1）

评价因子	光伏板本体要素	光伏板安装要素	整体和谐要素	情感要素	WI
光伏板本体要素	1.000	0.600	0.400	0.800	0.155 8
光伏板安装要素	1.667	1.000	0.667	1.333	0.259 8
整体和谐要素	2.500	1.500	1.000	2.000	0.389 6
情感要素	1.250	0.750	0.500	1.000	0.194 8

判断矩阵 2：$\lambda_{max} = 3$，CR = 0.000 < 0.1，满足一致性检验。

表 4.5 评判结果（2）

评价因子	光伏板的形状	光伏板的材质肌理	光伏板的色彩	WI
光伏板的形状	1.000	2.000	4.000	0.571 3

续表

评价因子	光伏板的形状	光伏板的材质肌理	光伏板的色彩	WI
光伏板的材质肌理	0.500	1.000	2.000	0.285 7
光伏板的色彩	0.250	0.500	1.000	0.143 0

判断矩阵 3：$\lambda_{\max} = 6$，CR = 0.000 < 0.1，满足一致性检验。

表 4.6　评判结果（3）

评价因子	安装高度	安装方式	安装角度	安装面积占比	光影效果	韵律与节奏	WI
安装高度	1.000	0.600	1.600	0.800	1.400	0.400	0.129 0
安装方式	1.667	1.000	2.667	1.333	2.333	0.667	0.214 8
安装角度	0.625	0.375	1.000	0.500	0.875	0.250	0.080 5
安装面积占比	1.250	0.750	2.000	1.000	1.750	0.500	0.161 2
光影效果	0.714	0.429	1.143	0.571	1.000	0.286	0.092 2
韵律与节奏	2.500	1.500	4.000	2.000	3.500	1.000	0.322 3

判断矩阵 4：$\lambda_{\max} = 3.018$，CR = 0.018 < 0.1，满足一致性检验。

表 4.7　评判结果（4）

评价因子	形状和谐度	材质和谐度	色彩和谐度	WI
形状和谐度	1.000	1.667	0.667	0.333 7
材质和谐度	0.600	1.000	0.600	0.229 7
色彩和谐度	1.500	1.667	1.000	0.436 7

判断矩阵 5：$\lambda_{\max} = 4$，CR = 0.000 < 0.1，满足一致性检验。

表 4.8 评判结果（5）

评价因子	新奇度	愉悦感	魅力度	特色度	WI
新奇度	1.000	0.333	0.667	0.833	0.149 3
愉悦感	3.000	1.000	2.000	2.500	0.447 8
魅力度	1.500	0.500	1.000	1.250	0.224 0
特色度	1.200	0.400	0.800	1.000	0.179 0

4.4　各项指标综合权重计算及确定

通过表 4.9 数据的统计可知，光伏设施对建筑视觉影响评价因子的权重值各不相同，相对于光伏设施的重要性有所差异。根据评价指标因子的重要程度得出，光伏板的形状（0.109）、安装角度（0.081）、安装方式（0.076），排在前三位。同时可以看出在准则层，光伏设施对建筑视觉影响最高的是光伏板安装要素。

依照前文视觉评价影响因子分析及光伏设施对建筑视觉影响评价指标权重表确定影响因素评分等级，便于后续直观地反映出不同样本在 16 个评价项目因子上的偏向性，0.081 ~ 0.100 为Ⅰ级，0.051 ~ 0.080 为Ⅱ级，0.000 ~ 0.050 为Ⅲ级。Ⅰ级为光伏板的形状、安装角度；Ⅱ级为安装方式、韵律与节奏、安装高度、光伏板的色彩、安装面积占比、愉悦感、光伏板的材质肌理、色彩和谐度；Ⅲ级为形状和谐度、新奇度、光影效果、材质和谐度、特色度、魅力度（表 4.10）。

表 4.9　光伏设施对建筑视觉影响评价指标权重表

目标层	准则层	指标权重
光伏设施对建筑视觉影响评价	光伏板本体要素（0.25）	光伏板的形状（0.109）
		光伏板的材质肌理（0.065）
		光伏板的色彩（0.072）
	光伏板安装要素（0.42）	安装高度（0.073）
		安装方式（0.076）
		安装角度（0.081）
		安装面积占比（0.072）
		光影效果（0.044）
		韵律与节奏（0.074）

续表

目标层	准则层	指标权重
光伏设施对建筑视觉影响评价	整体和谐要素（0.15）	形状和谐度（0.050）
		材质和谐度（0.039）
		色彩和谐度（0.060）
	情感要素（0.18）	新奇度（0.049）
		愉悦感（0.067）
		魅力度（0.034）
		特色度（0.035）

表 4.10 光伏设施对建筑视觉影响评价指标评分等级表

目标层	准则层	指标权重	影响因素评分	等级
光伏设施对建筑视觉的影响因子	光伏板本体要素（0.25）	光伏板的形状	0.109	I
	光伏板安装要素（0.42）	安装角度	0.081	
	光伏板安装要素（0.42）	安装方式	0.076	
	光伏板安装要素（0.42）	韵律与节奏	0.074	
	光伏板安装要素（0.42）	安装高度	0.073	
	光伏板本体要素（0.25）	光伏板的色彩	0.072	II
	光伏板安装要素（0.42）	安装面积占比	0.072	
	光伏板安装要素（0.42）	安装高度	0.073	
	光伏板本体要素（0.25）	光伏板的色彩	0.072	
	光伏板安装要素（0.42）	安装面积占比	0.072	

续表

目标层	准则层	指标权重	影响因素评分	等级
光伏设施对建筑视觉的影响因子	情感要素（0.18）	愉悦感	0.067	Ⅱ
	光伏板本体要素（0.25）	光伏板的材质肌理	0.065	
	整体和谐要素（0.15）	色彩和谐度	0.060	
	整体和谐要素（0.15）	形状和谐度	0.050	Ⅲ
	情感要素（0.18）	新奇度	0.049	
	光伏板安装要素（0.42）	光影效果	0.044	
	整体和谐要素（0.15）	材质和谐度	0.039	
	情感要素（0.18）	特色度	0.035	
	情感要素（0.18）	魅力度	0.034	

5 工业建筑光伏设施视觉影响的案例检验

5.1 评价对象的选择及基本概况

本次研究选取不同类型建筑光伏设施作为评价对象，根据前文对 40 个样本的 SBE 值处理分类情况，选取 2 个具有典型研究特质和突出代表的案例作为主要研究对象。经过调研选取了美国洛杉矶高中、Heineken Mexico 工厂，如表 5.1 所示。然后结合联合盐化公司现有建设方案进行评价预测分析，建立美观度评价预测模型，并给出评级。

表 5.1　主要研究对象基本概况

序号	名　　称	SBE 值	光伏板类型
1	合阳县经开区标准化厂房	78.90	外立面光伏板
2	Heineken Mexico 工厂	58.88	光伏幕墙
3	联合盐化牙膏厂房（原始方案）	67.58	外立面光伏板
4	联合盐化牙膏厂房（优化方案）	77.95	外立面光伏板

5.1.1 合阳县经开区标准化厂房

合阳县经开区启动建设四期标准化厂房如图 5.1 所示。项目总投资 5 亿元，占地 200 亩，建筑面积 10 万 m^2，主要建设 7 栋钢构厂房、8 栋框架结构厂房及附属配套设施。建成后，年发电量约 3 亿度，将有效提高区域环境空气质量，在促进节能减排、拉动产业等方面有明显的带动和示范作用，其建筑要考虑到美学、可持续发展和成本效益的要求，临街立面的设计极具新颖性和独特性。

图 5.1　合阳县经开区标准化厂房

（图片来源：渭南日报）

5.1.2　Heineken Mexico 工厂

Heineken Mexico 工厂（图 5.2）的厂区建筑立面主要以透明光伏玻璃为主，形成大面积的光伏幕墙，这不仅使建筑物能够实现能源自给自足，而且还能提高其能源效率和热舒适性。

图 5.2　Heineken Mexico 工厂

（图片来源：筑龙学社）

5.1.3　联合盐化牙膏厂房

联合盐化牙膏厂房（图5.3），是由两层库房组成的大型工业建筑，位于河南省平顶山市叶县中国平煤神马集团联合盐化有限公司内部。

图5.3　联合盐化牙膏厂房南侧立面图

（图片来源：团队自摄）

原始方案：第一、二排光伏系统为遮阳棚/雨棚的形式，倾角较小，光伏板共108块，装机容量58.32 kW（图5.4）。

图5.4　联合盐化牙膏厂房原始方案

（图片来源：团队自绘）

优化方案：从上到下，第一、三排光伏系统为遮阳棚/雨棚的形式，倾角较小。第二排为减少对第三排产生遮挡，倾角尽量取大一点。光伏板共计 82 块，均横向排布，装机容量 44.28 kW（图 5.5）。

图 5.5 联合盐化牙膏厂房优化方案

（图片来源：团队自绘）

5.2 视觉影响评价方法

视觉影响是指通过视觉，在人们所处的环境中，对空间和各种物体的认识，对大脑的反映程度所描画外界环境的直观感受。视觉指数则是综合考虑视觉对人的工作效率与视觉舒适等因素的影响，采用评价问卷方式进行评价、统计，确定用以指示视觉影响因素的指数。

5.2.1 评价方法

采用评价问卷方式，对视觉影响中多项影响人的工作效率与视觉舒适的因素进行评分，计算视觉指数，标示视觉影响因素。对评价项目偏离满意状态的程度设置 5 个评分等级：优、良、一般、较差、差。

（1）评价项目应由专家小组参考《影响因子分类及评分标准》，并依据样本的实际情况投票确定，最终入选项目其得票率不应低于 50%。

（2）专家小组应由建筑设计与研究方面的专业人士组成，成员应不少于 5 人。

（3）应根据样本的功能要求及评价时间选择评价项目的内容与数量。

（4）评价项目的权值表征该项目对视觉的影响程度，其值宜由按《光伏设施对建筑视觉影响评价指标权重表》要求组建的专家小组确定。

5.2.2 评价步骤

根据 5.1.1 的要求，建立专家组，结合被评价建筑的特点确定评价项目。由从事建筑学的有关专业人员 5 人以上组成专业评价小组。评价小组的每个成员使用评价问卷时，评价样本的视觉状况独立进行观察与判断，根据各评价项目的实际状态给出评分。

进行样本评价的同时，应建立评价样本情况记录，其主要内容包括评价日期及时间、评价人、评价要求，以及影响因子分类和评分标准。然后分别统计每个评价小组评价人员的投票分布，利用评分系统计算各个项目评分及视觉指数。

5.2.3 数据处理

建筑光伏设施本身的属性和评价主体的审美认知决定了美景度的结果，为了尽量减小评价主体的审美尺度不同对判断结果造成影响，需要对前期 SBE 量标准值进行对比参考，达到案例进行检验的目的。评价问卷如表 5.2 所示。

表 5.2 评价问卷

评价项目	评价等级	选择投票	具体意见
S_1	优		
	良		
	一般		
	极差		
	差		
S_2	优		
	良		
	一般		
	极差		
	差		
S_3	优		
	良		
	一般		
	极差		
	差		
...	优		
	良		
	一般		
	极差		
	差		

续表

评价项目	评价等级	选择投票	具体意见
S_m	优		
	良		
	一般		
	极差		
	差		

项目评分 S_m 按式计算（计算结果四舍五入取整数）：

$$S_m = \frac{\sum_{n=1}^{5} P_n v_{nm}}{\sum_{n=1}^{5} v_{nm}} \qquad (5\text{-}1)$$

式中：S_m——项目评分，$20 \leqslant S_m \leqslant 100$；

P_n——第 n 个等级的分值。

v_{nm}——评价项目 S_m 第 n 个等级所得票数。

视觉环境评价指数 S 按式计算（计算结果四舍五入取整数）：

$$S = \sum_{1}^{m} S_m Q_m \qquad (5\text{-}2)$$

式中：S——视觉环境评价指数，$20 \leqslant S \leqslant 100$；

Q_m——评价项目 S_m 的权值。

5.3   建筑光伏设施视觉影响评价结果与分析

根据被测试者对建筑光伏设施评价项目赋值统计，对不同样本评价因子分析研究。根据调查问卷取得基础数据后，首先利用 Excel 软件对数据进行初步处理，计算出各个评价项目因子的平均值和 SBE 平均值，如表 5.3 所示。

表 5.3   评价问卷综合得分表

序号	评价项目	样本 1	样本 2	样本 3	样本 4	50 平均值	80 平均值
1	光伏板的形状	8.724	7.088	6.816	9.815	5.45	8.72
2	光伏板的材质肌理	4.839	3.710	3.710	4.678	3.23	5.16
3	光伏板的色彩	5.962	3.794	3.794	6.865	3.61	5.78
4	安装高度	5.144	4.409	4.960	4.226	3.67	5.88
5	安装方式	5.876	4.170	5.307	6.444	3.79	6.07
6	安装角度	5.260	4.046	4.046	7.688	4.05	6.47
7	安装面积占比	5.569	4.491	5.929	6.468	3.59	5.75
8	光影效果	3.953	1.976	3.294	1.867	2.20	3.51
9	韵律与节奏	6.082	4.055	5.713	6.266	3.69	5.90
10	形状和谐度	4.003	3.253	3.753	1.877	2.50	4.00
11	材质和谐度	3.959	2.721	3.216	2.474	1.97	3.16
12	色彩和谐度	4.807	3.305	4.206	4.957	3.00	4.81
13	新奇度	3.803	3.435	4.417	3.681	2.45	3.93
14	愉悦感	5.378	3.361	3.361	5.042	3.36	5.38

续表

序号	评价项目	样本 1	样本 2	样本 3	样本 4	50 平均值	80 平均值
15	魅力度	2.835	2.617	2.617	2.290	1.68	2.69
16	特色度	2.704	2.442	2.442	3.315	1.74	2.79
17	美景度	78.90	58.88	67.58	77.95	50.00	80.00

　　以 50、80 建筑光伏设施景观样本的综合平均值曲线为基础，绘制各建筑光伏设施视觉评价样本的评价曲线图，便于直观地反映出不同样本在 17 个评价项目因子上的偏向性。以下分别对 5 个建筑光伏设施景观的对比曲线图依次进行对比与分析。

5.3.1　案例检验 1—— 样本 1 评价

　　合阳县经开区标准化厂房景观样本曲线（图 5.6）与样本综合平均值曲线相比，整体走势相似。除光伏板的色彩（5.962）、光影效果（3.953）、韵律与节奏（6.082）、材质和谐度（3.959）高于 80 平均值曲线外，其他评价项目权重值均处于 80 平均值曲线与 50 平均值曲线之间。

　　基于样本分析数据可得，样本 1 评价为：光伏板排列整体节奏韵律较弱；整体光伏板形状、材质、色彩同建筑整体协调性太弱；其新颖性和创新性较弱，能够给观察者带来较低的乐趣、舒适感。

5.3.2　案例检验 2—— 样本 2 评价

　　Heineken Mexico 工厂视觉评价样本评价曲线（图 5.7）与综合平均值曲线相比，整体差异较为明显，整体曲线呈波动状态。安装角度（4.05）光影效果（1.98）两项评价项目位于 50 平均值曲线下方。

　　基于样本分析数据可得，样本 2 评价为：其安装高度与建筑整体协调性较弱；整体光伏板形状、材质、色彩同建筑整体协调性太弱；能够给观察者带来较低的乐趣、舒适感。

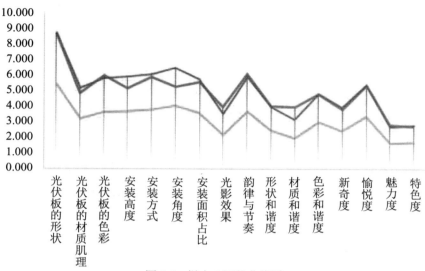

图 5.6　样本 1 评价曲线图

（图片来源：作者自绘）

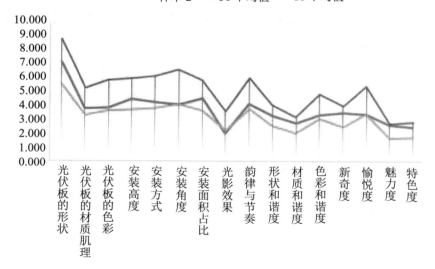

图 5.7　样本 2 评价曲线图

（图片来源：作者自绘）

5.3.3 案例检验3—— 样本3、4评价

联合盐化牙膏厂房方案一视觉评价样本评价曲线（图5.8）与样本综合平均值曲线相比，整体偏差较为明显。安装面积占比（5.93）、新奇度（4.42）两项评价项目明显位于80平均值曲线上方。

基于样本分析数据可得，样本3评价为：其光伏设施整体排列呈现效果良好，光伏板形状、材质同建筑整体较为协调，光伏板面积占比适中；但光伏板的基础属性同外立面结合度较低，无法给观察者带来良好的视觉体验，给人愉悦感较低。

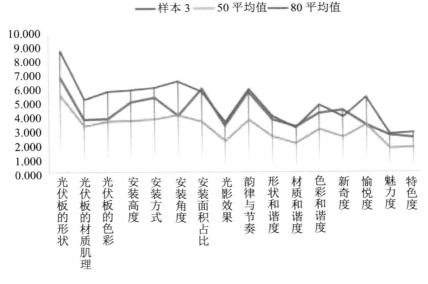

图5.8 样本3评价曲线图

（图片来源：作者自绘）

联合盐化牙膏厂房方案二视觉评价样本评价曲线（图5.9）与样本综合平均值曲线相比，呈现较大差异性。光伏板的形状（9.82）、光伏板的色彩（6.87）、安装方式（6.44）、安装角度（7.69）、安装面积占比（6.47）、韵律与节奏（6.27）、色彩饱和度（4.96）、特色度（3.32）八项评价项目明显位于样本80值平均曲线上方；光影效果（1.867）、形状和谐度（1.88）两项评价项目明显位于样本50

平均值曲线下方。

　　基于样本分析数据可得，样本 4 评价为：其光伏整体排列呈现效果较差，整体光伏板形状、材质同建筑整体协调性太弱；能给观察者带来的吸引力不足，缺少与建筑和谐度。

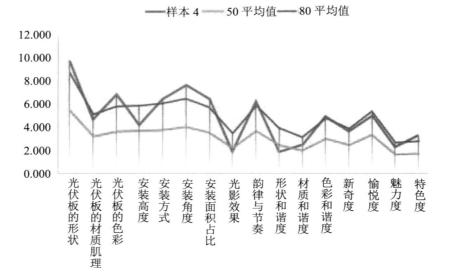

图 5.9　样本 4 评价曲线图

（图片来源：作者自绘）

6　工业建筑光伏设施设计策略

6.1　工业建筑的造型特征

6.1.1　建筑形体特征

相较于民用建筑，由于生产、加工、仓储的需要，工业建筑的建筑面积往往比较大，内部空间需满足大型设备的吊装、运行及大型货车的通行要求，所需的空间也往往是大空间。工业建筑的跨度较大、柱距较大、净高较高，因此从外观上看，工业建筑一般都是大体量的单体或者联合体。

工业建筑内部一般都会满足中、小型货车进入与通行要求，因此门洞口往往较大，开启方式极少采用平开门，多为滑升门、推拉门和卷帘门等；因工业建筑防排烟等相关规范的规定，工业建筑的可开启窗扇面积较大，外窗高度较高，必要时需设天窗，这些"大"的门窗洞口也使工业建筑具备了不同于民用建筑的大气简洁特征。

6.1.2　建筑结构特征

工业建筑的结构形式主要分为混凝土框架结构和钢结构，通常会结合项目的具体要求选择最佳的结构形式。混凝土框架结构主要材料为钢筋及混凝土，由于材料的稳定性强、耐久性好，混凝土结构工业建筑具备良好的整体性和优越的防火性能。但混凝土的自重大、抗裂性差，导致结构的抗震性能差。近年来，随着钢结构体系的大力推广以及其自身的结构优势，在大跨度厂房中越来越多地选用钢结构体系，大部分为门式钢架、钢桁架、钢网架等结构类型，钢梁、柱、屋架等承重结构构件较同等空间大小的钢筋混凝土承重构件而言，具有纤细、轻盈的特点。

6.1.3 建筑材质特征

工业建筑由于特殊的环境、条件、生产功能、经济等需求，材料选择上也坚持选用物理性能防火、防潮、防止氧化，保温与隔热兼顾，力学性能优良的材料，以及化学性能上佳、不容易被腐蚀、使用寿命长久的材料。同时在材料的材质、纹理上也要求可以营造更好的建筑视觉效果。综合考虑以上几个因素，工业建筑材料常用砖、玻璃、金属板、复合金属板或玻璃等材料，相比于混凝土板、砌块等材料，具有轻质、现代的特征。

6.2　设计原则

6.2.1　适用性原则

建筑光伏设计应先考虑适应该建筑物的结构和功能，以及当地的气候条件和电力需求。设计应尽可能不影响建筑物的原有结构和使用功能，同时应考虑光伏板安装和维护的便利性。

6.2.2　经济性原则

建筑光伏设计应考虑到投资成本和运行成本，以及系统的生命周期和收益。设计应选用性价比高的光伏板和相关设备，同时应优化系统设计以降低运行成本。

6.2.3　协调性原则

建筑光伏设计应与建筑物原有立面和周围环境相协调，既要保证美观性，也要尽量减少对周围环境和建筑物的影响。设计应注重光伏板与建筑物立面色彩材质的结合，以及与周围环境布置的和谐统一。

6.2.4　可持续性原则

建筑光伏设计应符合可持续发展的要求，既要考虑能源的清洁和可再生性，也要尽量减少对环境的影响。设计应优先选用可再生能源，并考虑节能减排、低碳环保等方面的要求。

6.3 设计策略

6.3.1 光伏设施的选择

在工业建筑中，选择合适的光伏设施是非常重要的，因为它不仅可以提高能源效率，还可以降低运营成本并减少对环境的影响。本节针对工业建筑光伏设施的选择提出以下策略。

6.3.1.1 光伏板的形状

由上述分析可知工业建筑有以下基本特征：整体立面造型规整，建筑构件排列有序。依据以上特征及对建筑光伏设施视觉影响因子标准得出以下观点：选择较为规整的光伏板；形状组合变化不宜过多，整体排列布置应保证形态对称，比例适合，形成一定的韵律与节奏，与工业建筑立面协调统一。

6.3.1.2 光伏板的材质色彩

常见工业建筑多以灰白色为主色调，且部分厂区对光源有额外限制条件。因此在光伏板的材质色彩选择中应避免颜色鲜艳、反射度较强的光伏板，尽可能选择以黑蓝调为主的光伏板。

6.3.2 光伏设施与建筑及环境的融合

想在光伏设施与建筑和技术的问题之间寻找出一个平衡点的确是相当困难的，因为这种平衡会因为不同项目的不同情况而改变，如气候、预算、美学等因素。为了更好地整合光伏设施与建筑，下面将主要探索光伏设施在建筑外表面的设计中需要考虑的一些难点因素。

6.3.2.1　安装面积占比

光伏板的安装面积占比适中，不超过建筑立面面积的 60%，且光伏设施与建筑立面开窗占比不大于 27%，符合工业建筑的良好采光特性。

6.3.2.2　韵律

韵律是指一种以条理性、重复性和连续性为特征的美的形式。在工业建筑光伏设施的布置中，应保证排列布置的统一性与连续性，避免杂乱无章。

6.3.3　光伏设施的安装

光伏板的安装受多种条件因素限制，包括光伏板安装角度、安装高度，安装所产生的遮挡效果都会对建筑光伏设施的整体美学效果及光伏系统的发电效率产生影响。

6.3.3.1　安装角度

安装角度的主要影响因素为当地的地理位置、不同的季节变化、光伏板的材质和类型以及气候条件。不同地理位置的太阳高度角和方位角不同，最佳倾角也不同。针对不同地区的纬度及对数据定量处理可得不同城市光伏阵列的最佳倾角（表 6.1）。若由全年的平均使用效能来考量，倾斜角度 = 当地的纬度；若以夏季月份一个月的使用量为考量，倾斜角度 = 当地的纬度 + 1°；若以冬季月份一个月的使用为考量，倾斜角度 = 当地的纬度 − 1°。经测量，平顶山地区光伏设施的最佳倾角为 23° ~ 27°。

表 6.1　我国主要城市最佳倾角的参数表

城市	纬度 Φ / (°)	最佳倾角 Φ_{op} / (°)	城市	纬度 Φ / (°)	最佳倾角 Φ_{op} / (°)
哈尔滨	45.68	$\Phi+3$	杭州	30.23	$\Phi+3$
长春	43.90	$\Phi+1$	南昌	28.67	$\Phi+2$

续表

城市	纬度 Φ / (°)	最佳倾角 Φ_{op} / (°)	城市	纬度 Φ / (°)	最佳倾角 Φ_{op} / (°)
沈阳	41.77	$\Phi+1$	福州	26.08	$\Phi+4$
北京	39.80	$\Phi+4$	济南	36.68	$\Phi+6$
天津	39.10	$\Phi+5$	郑州	34.72	$\Phi+7$
呼和浩特	40.78	$\Phi+3$	武汉	30.63	$\Phi+7$
太原	37.78	$\Phi+5$	长沙	28.20	$\Phi+6$
乌鲁木齐	43.78	$\Phi+12$	广州	23.13	$\Phi-7$
西宁	36.75	$\Phi+1$	海口	20.03	$\Phi+12$
兰州	36.05	$\Phi+8$	南宁	22.82	$\Phi+5$
银川	38.48	$\Phi+2$	成都	30.67	$\Phi+2$
西安	34.30	$\Phi+14$	贵阳	26.58	$\Phi+8$
上海	31.17	$\Phi+3$	昆明	25.02	$\Phi-8$
南京	32.00	$\Phi+5$	拉萨	29.70	$\Phi-8$
合肥	31.85	$\Phi+9$			

6.3.3.2 安装形成的遮挡

遮挡直接影响到建筑光伏美学评价及光电板接收的热辐射量，同时遮挡形成的阴影也会对建筑立面产生视觉影响。因此应避免光伏设施安装过程中建筑与建筑之间的遮挡以及光伏板与光伏板排列产生的相互遮挡，优先保证发电效率。同时注意利用光伏板适当倾斜安装所形成的立面阴影，也可以形成一定的韵律与节奏，丰富立面效果。

6.3.3.3　安装高度

　　受太阳光照影响，观测者所处不同位置观测建筑光伏都可能受到光伏反射导致的眩光影响，光污染造成的不舒适性，将直接影响建筑的美景度值。因此，应尽可能地降低光伏板眩光的影响，根据当地气候调整适宜的安装高度，避免安装高度在人视点以下。其立面光伏板安装应控制在 3.6 m 以上但不高于屋顶。

7 工程实际操作流程

在实际工程运用中，本项目可以和无人机巡检设备结合，实现工业建筑光伏设施视觉评价的半自动化生成。本章以联合盐化厂已建成的三个建筑为例，进行工程实际操作流程的展示，具体操作流程如图 7.1 所示。

7.1 无人机航拍获取建筑立面照片

7.1.1 确定无人机拍摄参数

为保证工程实际案例检验样本照片的同一性、标准性，可采用无人机进行统一实地拍照采样，通过无人机照片存储系统端口获取实时建筑光伏立面照片。

照片拍摄的具体执行要求如下所述。①天气：晴天；②时间：上午 10 点（避开清晨、傍晚）；③视角：中心点 120°／人视；④高度：1.8 × 建筑层数 + 1/2 × 建筑长度（n‑1）；⑤张数：2 张。

7.1.2 筛选具有代表性的照片

此次研究共拍摄光伏建筑照片 147 张，综合考虑光伏板形状、建筑体量、安装位置等要素，经过多次比较筛选后选取 6 张具有代表性照片作为评价样本。

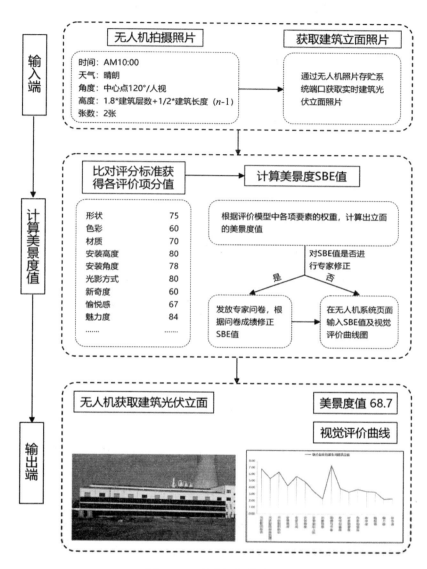

图 7.1　工程实际操作流程

（图片来源：作者自绘）

7.2 后台计算建筑光伏设施美景度值

根据无人机端口重新制定建筑视觉的影响指标评分标准，即在原有基础上进行简化并适应，划分以对不同评价因子的对应属性程度进行量化，进行具体的数值评价，构建光伏设施对建筑视觉的影响评价标准的参考表，如表 7.1 所示。

无人机端口系统通过评价指标评分标准，直接得出各项指标项分值，根据评价模型中各项要素的权重，计算出立面的美景度值。根据系统所输出的 SBE 值判断是否需要进行专家修正。如无须进行专家修正，无人机系统页面输出 SBE 值及视觉评价曲线图；如需进行专家修正，发放专家问卷，根据问卷成绩修正 SBE 值，之后在无人机系统页面输出 SBE 值及视觉评价曲线图。

7.3 云平台看板显示评价结果

计算分项得分和总评价分值后，在后台输入结果，通过云平台看板显示无人机拍摄的光伏建筑的视觉评价值及评价曲线（图 7.2）。其中评价曲线分为三条，黄色曲线为 80 平均值，紫色曲线为 50 平均值，蓝色为测评建筑美观度曲线。80 和 50 平均值曲线清晰地划分出三个档次：高于 80 为优秀，50～80 为中等，低于 50 为较差。从评价曲线图看出，宿舍楼的美观度总分数为 89.11，大部分分项值高于 80 平均值曲线，说明该光伏建筑立面美观度较好（图 7.3）。

表 7.1 光伏设施对建筑视觉的影响因子层评分标准

评价指标	评分标准		
	差（0~50）	中（50~80）	优（80~100）
1. 光伏板的形状	形状单一无变化组合，比例不当，视觉不适	形状有较多的变化与组合，统一性较强	形状有较多的变化与组合，形态平衡对称、比例适合，协调统一
（样图）			

续表

评价指标	评分标准		
	差（0～50）	中（50～80）	优（80～100）
2. 光伏板的材质肌理	比较常见平庸，与建筑表面材质肌理格格不入	有一定变化，与建筑表面材质肌理和谐统一，视觉舒适	有变化与创新，与建筑表面材质肌理和谐，统一中有细微变化，层次感丰富
（样图）			

续表

评价指标	评分标准		
	差（0～50）	中（50～80）	优（80～100）
3. 光伏板的色彩	与建筑立面色彩对比强烈，明度、饱和度较高，且面积大小相近，色彩搭配突兀	与建筑立面色彩对比强烈，明度、饱和度较低，如莫兰迪色	与建筑立面色彩为同一色系，明度、饱和度不同，整体效果和谐统一
	（样图）		

续表

评价指标	评分标准		
	差（0～50）	中（50～80）	优（80～100）
4. 安装高度	人视平线以下（以成人平均身高 1.65 m 为准），和建筑立面不和谐，引起不适感	1.65 m 以上但不高于屋顶 2.6 m（以当地法规的上限值为准），与建筑立面和谐度低，层次单一	1.65 m 以上但不高于屋顶 2.6 m（以当地法规的上限值为准），与建筑立面和谐度高，层次丰富，视觉感极佳
（样图）			

续表

评价指标	评分标准		
	差（0～50）	中（50～80）	优（80～100）
5. 安装方式	光伏板排列设计与建筑构件形状毫无关联，突兀感强烈	光伏板基本能结合建筑构件形状进行排列设计，与建筑有一定的融合度	光伏板能巧妙结合建筑构件进行排列设计，与建筑融合度高
（样图）			

续表

评价指标	评分标准		
	差（0~50）	中（50~80）	优（80~100）
6.安装角度	光伏板安装角度 0°~20°	光伏板安装角度 20°~60°/80°~90°	光伏板安装角度 60°~70°
（样图）			

续表

评价指标	评分标准		
	差（0~50）	中（50~80）	优（80~100）
7.安装面积占比	面积占比过小或过大，导致视觉效果混乱，难以辨认和理解	面积占比适中，能够保持基本的平衡和美感，视觉效果较为一致	面积占比完美，充分发挥了各元素的作用，使整体呈现出极具吸引力和表现力的视觉效果
（样图）			

续表

评价指标	评分标准		
	差（0～50）	中（50～80）	优（80～100）
8. 光影效果	无建筑光影	渐进建筑光影	丰富建筑光影
（样图）			

续表

评价指标	评分标准		
	差（0～50）	中（50～80）	优（80～100）
9. 韵律与节奏	光伏板整体排列与建筑呼应性较弱，缺乏韵律节奏	光伏板整体排列有一定的韵律节奏，与建筑有一定呼应性	光伏板整体富有规律性，与建筑呼应性较强，形成良好的韵律与节奏
（样图）			

续表

评价指标	评分标准		
	差（0～50）	中（50～80）	优（80～100）
10. 形状和谐度	光伏板排列形状与建筑整体和谐度较差	光伏板排列形状较符合建筑形态变化，有一定的和谐度	光伏板排列形状符合建筑形态变化，光伏板排列形状很好，和谐度很好
（样图）			

续表

评价指标	评分标准		
	差（0～50）	中（50～80）	优（80～100）
11. 材质和谐度	光伏板材质与建筑风格适配度较差，和谐度较弱	光伏板材质与建筑风格适配度较好，有一定的和谐度	光伏板材质与建筑风格适配，与建筑和谐度较好
（样图）			

续表

评价指标	评分标准		
	差（0~50）	中（50~80）	优（80~100）
12. 色彩和谐度	光伏板整体色彩风格与建筑和谐度较弱，色彩反差明显	光伏板整体色彩风格与建筑和谐度较好，无明显的色彩反差	光伏板整体色彩风格与建筑相和谐，整体色彩相呼应
（样图）			

续表

评价指标	评分标准		
	差（0～50）	中（50～80）	优（80～100）
13. 新奇度	缺乏新颖性和创新性	具有一定程度的新颖性和创新性	具有较高的新颖性和创新性
（样图）			

续表

评价指标	评分标准		
	差（0～50）	中（50～80）	优（80～100）
14. 愉悦感	不能给观察者带来乐趣、舒适感	能够给观察者带来一定的乐趣、舒适感	能够给观察者带来较高的乐趣、舒适感
（样图）			

续表

评价指标	评分标准		
	优（80～100）	中（50～80）	差（0～50）
15. 魅力度	具有较高的吸引力和迷人之处	具有一定的吸引力和迷人之处	缺乏吸引力和迷人之处
（样图）			

续表

评价指标	评分标准		
	差（0～50）	中（50～80）	优（80～100）
16. 特色度	没有明显的独特之处	有一些独特之处，但相比其他光伏设施一般	有明显的独特之处，相比其他光伏设施突出
（样图）			

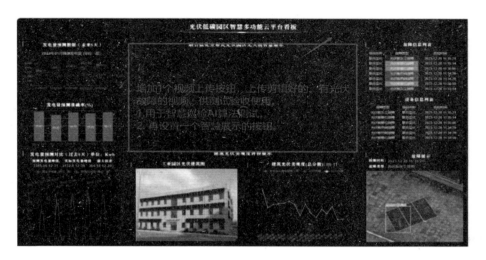

图 7.2　光伏低碳园区智慧多功能云平台看板

（图片来源：团队自绘）

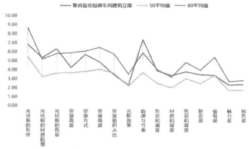

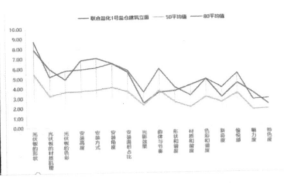

图 7.3   建筑光伏美观度评价展示

（图片来源：团队自绘）

结　语

　　太阳能光伏建设与城市风貌是一个互惠互利的过程，良好的太阳能建筑外观可促进能源利用更加可持续发展。从国家的低碳方针和建筑行业的发展现状来看，与绿色低碳相关的技术体系和产品应用已逐渐成熟。然而，在应用过程中，大量项目依靠既有绿色技术叠加与产品性能的提升来实现减碳目标，缺乏设计与技术间的一体化联动考量，进而导致减碳效果单一，视觉效果不佳。因此，建筑学专业应与能源、环境等专业协同配合，从设计本体出发，通过探索高效的减碳要素和实施路径，利用设计手段的优先介入，结合现有技术的不断提升，实现全寿命期的整合型减碳设计。本书将太阳能光伏设施与建筑设计充分结合，旨在实现建筑整体外观的和谐统一，同时避免未来出现太阳能光伏设施建设与城市整体风貌不协调，成为城市总体规划中的"异类"。

　　行文过程中由于自身专业的限制以及光伏建筑发展的日新月异，不可避免地存在一些不足之处，欢迎各位同仁批评指正，我和团队也将在今后的工作中将开展持续的探究。

参考文献

[1] 孙继逸 . 我国城市太阳能光伏设施对城市景观的视觉影响评价研究 [D]. 哈尔滨：哈尔滨工业大学，2019.

[2] 蔺阿琳 . 城市太阳能可利用空间评估与规划研究 [D]. 哈尔滨：哈尔滨工业大学，2021.

[3] 肖潇，李德英 . 太阳能光伏建筑一体化应用现状及发展趋势 [J]. 节能，2010，29(2)：12-18+2.

[4] 明文静，吴蔚 . 旧工业建筑改造中太阳能光伏技术应用综述 [J]. 山西建筑，2022，48(6)：167-168+177.

[5] 初祎君 . 太阳能光伏建筑的立面设计研究 [D]. 长沙：湖南大学，2012.

[6] 葛楠，李鸿祥，曹峰 . 基于 SBE-AHP 法的河北塞罕坝森林公园植物景观质量评价 [J]. 中南林业科技大学学报，2023，43(4)：182-190.

[7] 孙文博 . 低碳导向下建筑屋顶与太阳能光伏系统一体化设计研究 [D]. 济南：山东建筑大学，2023.

[8] 邓涛，沈辉 . 国外光伏建筑一体化实践 [J]. 太阳能，2004(6)：43-44

[9] 刘钊 . 基于 AHP 法的太原城郊森林公园视觉景观质量评价 [J]. 中南林业科技大学学报，2023，43(2)：188-200.

[10] 赵志青 . 夏热冬冷地区建筑外立面光伏系统一体化设计研究 [D]. 南昌：南昌大学，2015.

[11] 牛亚南 . 国家政策变迁下的河南省光伏产业发展现状及对策研究 [D]. 郑州：华北水利水电大学，2018.

[12] 秦俊豪 . 分析我国与德国光伏发电项目发展现状 [J]. 绿色环保建材，

2018(8)：236+238.

[13] 秦文军，李想．太阳能光伏在建筑中的应用研究 [D]. 北京：清华大学，2012.

[14] 陈易，张顺尧．太阳能光伏建筑之美 [J]. 建筑节能，2016(14)：23-25.

[15] 刘飞．"技"与"艺"的统一 —— 解读光伏材料的建筑表现力 [D]. 天津：天津大学，2012.

[16] 李龙飞．基于综合能耗的建筑立面光伏外遮阳气候适应性调控策略研究 [D]. 西安：西安建筑科技大学，2023.

[17] 骆聪，陈政．光伏建筑一体化行业的经济可行性研究和其在工业领域的应用 [J]. 化工管理，2015(5)：92.

[18] 付振涛．浅谈分布式光伏项目在工业园区的应用 [J]. 大众科技，2019，21(1)：12-13.

[19] 林世梅．既有公共建筑绿色改造光伏建筑一体化的集成效益评价 [D]. 包头：内蒙古科技大学，2020.

[20] 张喜山，顾俊，武威．基于装配式的CIGS光伏建筑幕墙细部研究 [J]. 建筑学报，2019(S2)：63-66.

[21] 曹洋．太阳能光伏建筑一体化系统设计与研究 [D]. 镇江：江苏大学，2019.

[22] 肖潇，李德英．太阳能光伏建筑一体化应用现状及发展趋势 [J]. 节能，2010，29(2)：12-18+2.

[23] 李辰琦，关通，王璐．铜铟镓硒光伏建筑的美学特征初探 [J]. 建筑学报，2019(S2)：84-87.

[24] 张垚，徐伟，牛建刚，等．基于云物元光伏建筑一体化综合效果评价 [J]. 科技促进发展，2018，14(9)：894-899.

[25] 何侃，桂宁，裘智峰等．基于 BIM 的光伏建筑集成化设计与分析平台 [J]. 建筑节能，2016，44(1)：26-32.

[26] 董毅．基于美观性的光伏建筑一体化应用研究 [J]. 华中建筑，2010，28(5)：33-34.

[27] 陈思源．城市光伏利用评估及其空间规划研究 [D]. 天津：天津大学，2023.

[28] 蔺阿琳．城市太阳能可利用空间评估与规划研究 [D]. 哈尔滨：哈尔滨工业大

学，2021.

[29] 张文．建成环境光伏应用研究 [D]．天津：天津大学，2020.

[30] 杨俊．大型钢构工业建筑屋面建设光伏发电设施利用 [J]．山西建筑，2013，
39(20)：107-108.

[31] 孙婷婷．环境设计中太阳能应用的探索与研究 [D]．济南：山东建筑大学，
2012.

[32] 王驰．基于 AHP 法和模糊综合评价法的产业化建筑生态评价体系研究 [D]．
合肥：合肥工业大学，2017.

[33] 潘伟，朴永吉，岳子义．AHP 层次分析法分析道观园林道教特色评价指标 [J]．
农业科技与信息（现代园林），2011(3)：25-30.

[34] 秦汉时，赵黛青，蔡国田等．基于层次分析法的太阳能利用技术综合评价 [J]．
新能源进展，2016，4(4)：334-340.

[35] 杨泽晖．基于空间光环境质量的建筑中庭光伏天窗设计策略研究 [D]．西安：
西安建筑科技大学，2021.

[36] 林成楷．半透明光伏外窗建筑光热环境评价及多目标参数优化研究 [D]．太
原：太原理工大学，2022.

[37] 秦文军，刘杨杨，黄艳等．绿色能源光伏城市规划初探 ——CIGS 光伏特色
小镇规划 [J]．建筑学报，2019(S2)：40-43.

[38] 易凯．基于 SLP 方法的 IT 企业工厂设施布置研究 [D]．成都：西南交通大学，
2012.

[39] 吝鹏飞．生态建筑表皮与光伏建筑一体化研究 [D]．邯郸：河北工程大学，
2015.

[40] 赵群．太阳能建筑整合设计对策研究 [D]．哈尔滨：哈尔滨工业大学，2010.

[41] 王飞．绿色节能技术在大型公共建筑玻璃幕墙设计中的应用 [D]．天津：河北
工业大学，2009.

[42] 杨硕．智能建筑太阳能应用系统的研究 [D]．西安：长安大学，2010.

[43] 李达．广东地区科技园研发中心光伏一体化的构造体系研究及初步评价 [D]．
广州：华南理工大学，2018.

[44] 黄心雨，陈稳 . 光伏建筑一体化（BIPV）应用现状与发展前景 [J]. 土木工程与管理学报，2022，39(3)：160-166.

[45] 刘恒，黄剑钊 . 建筑光伏整合一体下的减碳设计 [J]. 当代建筑，2023(8)：27-32.

[46] 李智 . 新能源光伏发电技术应用研究 [J]. 低碳世界，2022，12(8)：7.

[47] 黄蜀，权利军 . "低碳城市"理念下光伏发电系统在临建设施中的应用研究 [C]// 中国土木工程学会，中国国家铁路集团有限公司 . 中国土木工程学会 2022 年学术年会论文集 . 中国建筑工业出版社，2023.

[48] 梁波，韩本超，管海峰 . "光储直柔"技术在现代建筑中的应用 [J]. 农村电工，2022，30(11)：35-37.

[49] 张臻宇 . 基于 Pvsyst 的建筑屋顶并网光伏发电系统设计及效益研究 [D]. 银川：宁夏大学，2017.

[50] 易旷怡 . 太阳能光伏建筑一体化协同设计研究 [D]. 北京：北京交通大学，2013.

[51] 徐伟，王雪，孙维娜，等 . 太阳能建筑能效研究国外综述 [J]. 智能建筑与智慧城市，2020(11)：43-44.

附　　录

附件1　调查问卷

尊敬的被访者：

您好，感谢您百忙之中参与此次调查，本调查旨在了解大众对太阳能光伏建筑的审美偏好，为其美观度的提升提供科学依据。本问卷将作为"安装型"太阳能光伏（BAPV）建筑美学评价的支撑材料，不涉及任何商业及其他行为，衷心感谢您的参与和支持，望您不吝赐教。

第一部分　基本情况

1.您的性别

□ 男　　□ 女

2.您的年龄

□ 18~25　　　□ 26~35　　　□ 36~45

□ 46~55　　　□ 56~65　　　□ 65 以上

3.您的文化程度

□ 高中（中专）□ 本科（大专）□ 研究生（硕士）及以上

第二部分　填写说明

1.模型构建

笔者在研究中构建了一个"光伏设施对建筑视觉影响评价要素模型"作为此次调查的对象，如下图：

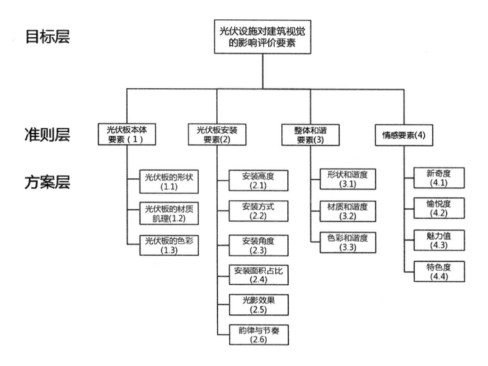

2. 问卷说明

此调查问卷的目的在于确定光伏设施对建筑视觉各影响因素之间的相对权重，调查问卷按照层次分析法（AHP）的形式设计。此方法是在同一个层次内对影响因子的重要性进行两两比较，衡量尺度分为 6 个等级。

评价等级	同等重要	稍微重要	相当重要	明显重要	非常重要	绝对重要
整体占比	1	3	5	7	9	11

同一组因子之间要符合逻辑一致性，如：$A > B$，$A < C$，则 $B < C$ 必须成立，否则问卷无效。

注：每项分值不可重复

3. 各指标权重的打分

（1）准则层的相对重要性。

相对重要性	光伏板本体要素	光伏板安装要素	整体和谐要素	情感要素
1				
3				
5				
7				

（2）方案层的相对重要性。

①光伏板本体要素组比较。

相对重要性	光伏板的形状	光伏板的材质肌理	光伏板的色彩
1			
3			
5			

②光伏板安装要素组比较。

相对重要性	安装高度	安装方式	安装角度	安装面积占比	光影效果	韵律与节奏
1						
3						
5						
7						
9						
11						

③整体和谐要素组比较。

相对重要性	形状和谐度	材质和谐度	色彩和谐度
1			
3			
5			

④情感要素组比较。

相对重要性	新奇度	愉悦感	魅力度	特色度
1				
3				
5				
7				

附件 2 《建筑光伏设施视觉影响评价》专家打分表

问卷说明：此调查问卷目的在于确定建筑光伏设施视觉美景度值。此调查问卷是依据《视觉影响评价方法》的形式设计。

基本情况

1. 性别：（男）（女）

2. 年龄：（ ）

3. 专业方向：（ ）

4. 职称：（高级）（中级）（初级）（其他）

5. 学历：（博士）（硕士）（本科）（其他）

说明

A. 请先对样本照片做总体的观察，然后逐项填写问卷。

B. 请在相应的位置处打√。

C. 评分标准如下表所示。

评分标准表

评分标准

评价指标	20分	40分	60分	80分	100分
1. 光伏板的形状	形状单一、比例失调，视觉混乱	形状单一无变化组合，比例不当，视觉不适	形状有一定的变化与组合，不杂乱	形状有较多的变化与组合，统一性较强	形状有较多的变化与组合，形态平衡、对称、比例适合，协调统一
2. 光伏板的材质肌理	比较常见平庸，与建筑表面材质肌理格格不入	有少量变化，与建筑表面材质差异较大，毫无规律	有一定变化，与建筑表面材质肌理有一定的统一性	有一定变化，与建筑表面材质肌理和谐统一，视觉舒适	有变化与创新，与建筑表面材质肌理和谐、统一中有细微变化，层次感丰富
3. 光伏板的色彩	与建筑立面色彩对比强烈、明度、饱和度较高，色彩面积大小相近，且面积大小搭配突兀	与建筑立面色彩对比强烈、明度、饱和度较高，但光伏板面积较小	与建筑立面色彩对比强烈、明度、饱和度较低，如莫兰迪色	与建筑立面色彩为相近色，明度、饱和度较弱，如绿色和蓝色	与建筑立面色彩为同一色系，明度、饱和度不同，整体效果和谐统一
4. 安装高度	人视平线以下（以成人平均身高为准，男性1.7 m，女性1.6 m）	平视及3.6 m以下	3.6 m以上但不高于屋顶2.6 m（以当地法规的上限值为准），与建筑立面和谐度底，层次单一	3.6 m以上但不高于屋顶2.6 m（以当地法规的上限值为准），与建筑立面和谐度高，层次丰富，有错落	屋顶安装最佳，建筑为坡屋面结构时；建筑与屋面距离超过2.6 m，且利用女儿墙等建筑构件对光伏组件进行适当遮挡，保证建筑主体美观

续表

评价指标	评分标准				
	20分	40分	60分	80分	100分
5. 安装方式	光伏板排列设计与建筑构件形状毫无关联，突兀感强烈	光伏板排列设计与建筑构件形状几乎无关联，突兀感强烈	光伏板排列设计与建筑构件形状关联不大，稍显突兀	光伏板基本能结合建筑构件形状进行排列设计，与建筑有一定的融合度	光伏板能巧妙结合建筑构件进行排列设计，与建筑融合度高
6. 安装角度	光伏板安装角度 0°~20°	光伏板安装角度 20°~40°	光伏板安装角度 40°~50°/80°~90°	光伏板安装角度 50°~60°/70°~80°	光伏板安装角度 60°~70°
7. 安装面积占比	面积占比过小或过大，导致视觉效果混乱，难以辨认和理解	面积占比不太合理，影响到整体的平衡和美感，视觉效果不够协调	面积占比适中，能够保持基本的平衡和美感，视觉效果较为一致	面积占比恰当，能够突出重点元素，整体呈现有层次感的视觉效果	面积占比完美，充分发挥了各元素的作用，使整体呈现出极具吸引力的视觉效果和表现力
8. 光影效果	无建筑光影	细微建筑光影	渐进建筑光影	显著建筑光影	丰富建筑光影
9. 韵律与节奏	缺乏韵律节奏	有较弱韵律节奏	有一定韵律节奏	有较强韵律节奏	有丰富韵律节奏
10. 形状和谐度	和谐度很差	和谐度较差	有一定的和谐度	和谐度较好	和谐度很好
11. 材质和谐度	和谐度差	和谐度较差	有一定的和谐度	和谐度较好	和谐度很好
12. 色彩和谐度	和谐度很差	和谐度较差	有一定的和谐度	和谐度较好	和谐度很好

续表

评价指标	评分标准				
	20分	40分	60分	80分	100分
13. 新奇度	缺乏新颖性和创新性	具有部分新颖性和创新性	具有一定程度的新颖性和创新性	具有较高的新颖性和创新性	具有极高的新颖性和创新性
14. 愉悦感	不能给观察者带来乐趣、舒适感	能够给观察者带来较低的乐趣、舒适感	能够给观察者带来一定的乐趣、舒适感	能够给观察者带来较高的乐趣、舒适感	能够给观察者带来极高的乐趣、舒适感
15. 魅力度	缺乏吸引力和迷人之处	具有部分吸引力和迷人之处	具有一定的吸引力和迷人之处	具有较高的吸引力和迷人之处	具有极高的吸引力和迷人之处
16. 特色度	没有明显的独特之处	有一些特色，但不够独特或突出	有一些独特之处，但相比其他光伏设施一般	具有明显的独特之处，相比其他光伏设施突出	具有非常独特和突出的特点，相比其他光伏设施优势和特色更明显

样本 1

样本 2

样本 1 评价问卷表

评价项目	项目权重	评分等级	状态分值	选择投票	评价项目	项目权重	评分等级	状态分值	选择投票
光伏板的形状	0.089	优	100	□	韵律与节奏	0.084	优	100	□
		良	80	□			良	80	□
		一般	60	□			一般	60	□
		较差	40	□			较差	40	□
		差	20	□			差	20	□
光伏板的材质肌理	0.045	优	100	□	形状和谐度	0.130	优	100	□
		良	80	□			良	80	□
		一般	60	□			一般	60	□
		较差	40	□			较差	40	□
		差	20	□			差	20	□

续表

评价项目	项目权重	评分等级	状态分值	选择投票	评价项目	项目权重	评分等级	状态分值	选择投票
光伏板的色彩	0.022	优	100	□	材质和谐度	0.089	优	100	□
		良	80	□			良	80	□
		一般	60	□			一般	60	□
		较差	40	□			较差	40	□
		差	20	□			差	20	□
安装高度	0.033	优	100	□	色彩和谐度	0.170	优	100	□
		良	80	□			良	80	□
		一般	60	□			一般	60	□
		较差	40	□			较差	40	□
		差	20	□			差	20	□

续表

评价项目	项目权重	评分等级	状态分值	选择投票
安装方式	0.056	优	100	□
		良	80	□
		一般	60	□
		较差	40	□
		差	20	□
安装角度	0.021	优	100	□
		良	80	□
		一般	60	□
		较差	40	□
		差	20	□
新奇度	0.029	优	100	□
		良	80	□
		一般	60	□
		较差	40	□
		差	20	□
愉悦感	0.087	优	100	□
		良	80	□
		一般	60	□
		较差	40	□
		差	20	□

续表

评价项目	项目权重	评分等级	状态分值	选择投票	评价项目	项目权重	评分等级	状态分值	选择投票
安装面积占比	0.042	优	100	□	魅力度	0.044	优	100	□
		良	80	□			良	80	□
		一般	60	□			一般	60	□
		较差	40	□			较差	40	□
		差	20	□			差	20	□
光影效果	0.024	优	100	□	特色度	0.035	优	100	□
		良	80	□			良	80	□
		一般	60	□			一般	60	□
		较差	40	□			较差	40	□
		差	20	□			差	20	□

样本 2 评价问卷

评价项目	项目权重	评分等级	状态分值	选择投票	评价项目	项目权重	评分等级	状态分值	选择投票
光伏板的形状	0.089	优	100	□	韵律与节奏	0.084	优	100	□
		良	80	□			良	80	□
		一般	60	□			一般	60	□
		较差	40	□			较差	40	□
		差	20	□			差	20	□
光伏板的材质肌理	0.045	优	100	□	形状和谐度	0.130	优	100	□
		良	80	□			良	80	□
		一般	60	□			一般	60	□
		较差	40	□			较差	40	□
		差	20	□			差	20	□

续表

评价项目	项目权重	评分等级	状态分值	选择投票
光伏板的色彩	0.022	优	100	□
		良	80	□
		一般	60	□
		较差	40	□
		差	20	□
安装高度	0.033	优	100	□
		良	80	□
		一般	60	□
		较差	40	□
		差	20	□
材质和谐度	0.089	优	100	□
		良	80	□
		一般	60	□
		较差	40	□
		差	20	□
色彩和谐度	0.170	优	100	□
		良	80	□
		一般	60	□
		较差	40	□
		差	20	□

续表

评价项目	项目权重	评分等级	状态分值	选择投票	评价项目	项目权重	评分等级	状态分值	选择投票
安装方式	0.056	优	100	□	新奇度	0.029	优	100	□
		良	80	□			良	80	□
		一般	60	□			一般	60	□
		较差	40	□			较差	40	□
		差	20	□			差	20	□
安装角度	0.021	优	100	□	愉悦感	0.087	优	100	□
		良	80	□			良	80	□
		一般	60	□			一般	60	□
		较差	40	□			较差	40	□
		差	20	□			差	20	□

续表

评价项目	项目权重	评分等级	状态分值	选择投票	评价项目	项目权重	评分等级	状态分值	选择投票
安装面积占比	0.042	优	100	□	魅力度	0.044	优	100	□
		良	80	□			良	80	□
		一般	60	□			一般	60	□
		较差	40	□			较差	40	□
		差	20	□			差	20	□
光影效果	0.024	优	100	□	特色度	0.035	优	100	□
		良	80	□			良	80	□
		一般	60	□			一般	60	□
		较差	40	□			较差	40	□
		差	20	□			差	20	□